QINGSONGXUE
JIANZHU DIANQI SHITU

轻松学
建筑电气识图

钟　睦　主编

中国电力出版社
CHINA ELECTRIC POWER PRESS

内 容 提 要

本书全面讲解了各类电气图样的识读方法，如建筑电气工程图、变配电工程图、送电线路工程图等，可帮助读者系统地学习各类电气工程图。

本书共8章，第1章讲解了电路图的基础知识；第2章讲解了电气施工图识读基础；第3章~第8章介绍了变配电工程图、送电线路工程图、建筑动力及照明工程图、防雷接地工程图、建筑电气设备控制工程图、建筑弱电系统图的识读方法。书后附录介绍了常用的电气设备符号与文字符号的含义、种类。

本书既可作为广大电气设计初学者和爱好者学习电气工程的专业指导教材。也可作为电气专业技术人员的参考书，还可供相关专业师生参考。

图书在版编目（CIP）数据

轻松学建筑电气识图/钟睦主编. —北京：中国电力出版社，2017.8
ISBN 978-7-5198-0705-4

Ⅰ. ①轻… Ⅱ. ①钟… Ⅲ. ①建筑工程—电气设备—电路图—识图 Ⅳ. ①TU85

中国版本图书馆 CIP 数据核字（2017）第 091688 号

出版发行：中国电力出版社
地　　址：北京市东城区北京站西街 19 号（邮政编码 100005）
网　　址：http://www.cepp.sgcc.com.cn
责任编辑：马淑范（xiaoma1809@163.com）
责任校对：王小鹏
装帧设计：赵姗姗
责任印制：杨晓东

印　　刷：三河市航远印刷有限公司
版　　次：2017 年 8 月第一版
印　　次：2017 年 8 月北京第一次印刷
开　　本：710 毫米×980 毫米　16 开本
印　　张：15.5
字　　数：291 千字
印　　数：0001—2000 册
定　　价：48.00 元

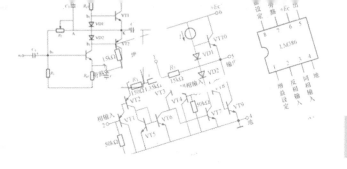

前　言

　本书内容安排

本书与电气设计行业相结合，全面讲解了各类电气图样识读方法，如建筑电气工程图、变配电工程图、送电线路工程图等，可帮助读者系统地认识各类电气工程。

章	内　容
第1章	介绍了电路图的基础知识，包括电路的基础知识、认识电路、了解电阻的连接方式等内容
第2章	介绍了电气施工图识读基础，包括电气施工图的识读步骤、电气图的常用符号
第3章~第8章	讲解了各种类型的电气工程图样的识读方法，所包含的内容有建筑电气工程图、变配电工程图、送电线路工程图
附录	提供了有关常用电气图形、设备图形的种类以及应用范围介绍，还包括电气设备常用基本文字符号的介绍

　本书写作特色

总的来说，本书具有以下特色。

零点快速起步 识图全面掌握	本书从电路的基础知识讲起，由浅入深、循序渐进，结合行业的应用安排了大量实例，让读者在识读实践中轻松掌握识读各类电气图样的基本操作和技术精髓
案例贴身实战 技巧原理细心解说	本书所有案例每例皆精华，个个经典，每个实例都与电气工程相配合。在一些重点和要点处，还添加了大量的提示和技巧讲解，帮助读者理解和加深认识，从而真正掌握，以达到举一反三、灵活运用的目的
六大图样类型 电气识图全面接触	本书涉及的识图领域包括建筑电气工程图、变配电工程图、送电线路工程图、建筑动力及照明工程图、防雷接地工程图、建筑电气设备工程图共6种常见电气图样类型，使广大读者在学习识读电气图样的同时，可以从中积累相关经验，了解和熟悉不同领域的专业知识和识图技巧

　本书创建团队

本书由钟睦主编，具体参与编写和资料整理的有：薛成森、梅文、李雨旦、何辉、彭蔓、毛琼健、陈运炳、马梅桂、胡丹、张静玲、李红萍、李红艺、李红术、陈云香、陈文香、陈军云、彭斌全、林小群、刘清平、江凡、张洁、刘里锋、朱海涛、廖博、喻文明、易盛、陈晶、何荣、黄柯、黄华、陈文轶、杨少波、杨芳、刘有良等。

由于编者水平有限，书中存在疏漏与不妥之处。在感谢您选择本书的同时，也希望您能够把对本书的意见和建议告诉我们。

联系信箱：lushanbook@ qq.com

答疑 QQ 群：327209040

编　者

2017 年 2 月

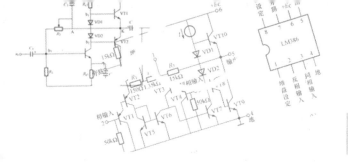

目　录

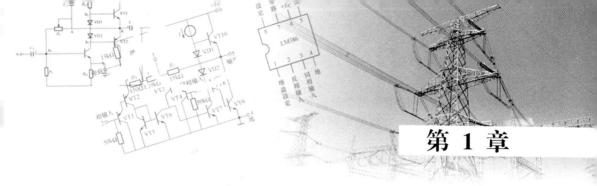

第 1 章

电路图的基础知识

电路是电工技术的重要基础，是学习电子电路、电机电路以及控制与测量电路、建筑电气的基础。学习绘制或者识读电气图，需要了解有关电路的相关知识，本章介绍电路图的基础知识。

1.1 电 路 基 础

电路由电源、负载、中间环节组成，作用是实现能量/信号的传输及转换。电路的工作状态有三种，通路、开路（断路）、短路，短路会造成电源供应中断，影响工作和生活。本节介绍电路的基础知识。

1.1.1 电路概述

电路是为满足某种需要而由某些电工设备或元器件按照一定的连接方式组合起来的电流通路。要充分地理解电路的含义，还需要了解电路的作用及其组成。

1. 电路的作用

（1）实现能量的传输和转换。

如图 1-1 所示为电力系统的电路传输示意图。在电力系统中，由发电机将其他形式的能量转换成电能，再通过变压器、输电线路送到负载，负载再将电能转换成光能、机械能、热能等。

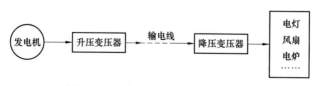

图 1-1 电力系统的电路传输示意图

（2）实现信号的传输、变换和处理。

电话机、收音机、电视机、扩音机等就是将声音或图像等信息转换为电信号，经放大处理后传输给负载，然后负载再将电信号转换成声音或者图像等。

如图1-2所示为扩音机的电路传输示意图。

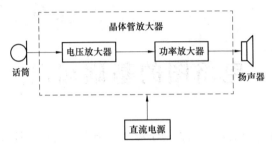

图1-2 扩音机的电路传输示意图

2．电路的组成

通过观察电路图1-1、图1-2，可以发现电路基本上由以下几部分组成。

（1）电源。

电源是为电路提供电能的设备，能将化学能、光能、机械能等非电能转换为电能，如电池、发电机、信号源等。

（2）负载。

负载是指各种用电设备，可将电能转换为其他形式的能量，如光能、机械能、热能等。常见的负载有电灯、电风扇、电动机、显像管、扬声器、扩音器等。

（3）中间环节。

中间环节起到传输、分配和控制电能的作用或者对电信号进行传递和处理，是电源与负载之间必不可少的一个环节。可以是导线、开关、控制环节，也可以是放大器、滤波器等信号处理变换环节。

1.1.2 电路的工作状态

电路的工作状态有通路、开路、短路三种方式。

1．通路

通路指处处连通的电路，也称为闭合电路。通路的连接示意图如图1-3所示，将开关S闭合，电源和负载连通，因此称为通路。通路对电源来说称为有载状态。

2．开路

开路又称断路，指电路中某一部分断开，例如开关断开，或者出现熔断器熔丝烧断、导线断线故障等。如图1-4所示为开路的连接示意图。

在开路状态下，电路中没有电流通过，因此负载的电流、电压和得到的功率都为零。但是电源电压仍然存在，对电源来说称为空载状态，即不向负载提供电压、电流和功率，但是其端电压即开路电压最大。

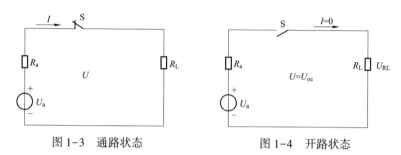

图 1-3 通路状态　　　　　　　图 1-4 开路状态

3. 短路

在短路的状态下，因为工作不慎或者负载的绝缘破损等原因，以致电源两端被阻值近似为零的导体连通。此时，电源的端电压即负载的电压及负载的电流与功率都为零。在该状态下，通过电源的电流最大，又称为短路电流。

如图 1-5 所示为短路状态示意图。

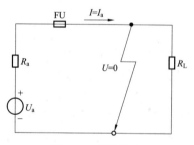

1.1.3　电路的基本物理量

电路的基本物理量有电流、电阻、电位、电压、电动势等。

1. 电流

大量的电荷朝一个方向移动就形成了电流。在实际工作中通常把电子运动的反方向称为电流方向，即把正电荷在电路中的移动反向规定为电流的方向。在如图 1-6 所示的电流示意图中所表示的电路电流方向为，电源正极→开关→灯泡→电源的负极。

图 1-5　短路状态

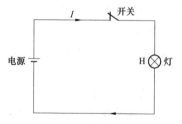

电流的基本单位为安培（A），也经常使用千安（kA）、毫安（mA）、微安

图 1-6　电流示意图

（μA）等。这些单位之间的换算关系为 $1kA = 10^3 A$，$1mA = 10^{-3} A$，$1\mu A = 10^{-6} A$。

2. 电阻

在电路中增加电阻器后，电阻器会对电流产生一定的阻碍作用，使得流过灯泡的电流减小，灯泡变暗。如图 1-7 所示为电阻示意图的绘制结果。导体对电流的阻碍作用称为该导体的电阻，电阻使用字母 R 表示，电阻的单位为欧姆（简称欧），用 Ω 来表示，也常使用千欧（kΩ）、兆欧（MΩ），这些单位之间的换算关系为，$1M\Omega = 10^3 k\Omega = 10^6 \Omega$。

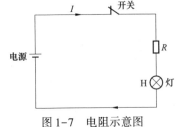

图 1-7　电阻示意图

导体的材料不同，电阻率也不同。在通常情况下，铁导线的电阻约是铜导线的 5.9 倍，由于铁导线的电阻率比铜导线大很多，因此为了减小电能在导线上的损耗，燃负载得到较大的电流，供电线路一般采用铜导线。

各种材料的导体的电阻率见表 1-1。

表 1-1　　　　　　　　　各种导体电阻率

导体	电阻率/Ω·m	导体	电阻率/Ω·m
银	1.62×10^{-8}	锡	11.4×10^{-8}
铜	1.69×10^{-8}	铁	10.0×10^{-8}
铝	2.83×10^{-8}	铅	21.9×10^{-8}
金	2.4×10^{-8}	汞	95.8×10^{-8}
钨	5.51×10^{-8}	碳	3500×10^{-8}

此外，导体的电阻除了与材料有关之外，还会受到温度的影响。在通常情况下，导体温度越高，电阻越大。如在常温下，灯泡（即白炽灯）内部钨丝的电阻很小，但是通电后钨丝的温度上升到千度以上，其电阻急剧增大。

导体的温度下降后，电阻也会减小。其中，某些导电材料在温度下降到某一值时（例如-109℃），电阻会降为 0，这种现象称为超导现象，同时，具有这种性质的材料称为超导材料。

3. 电压

电场力把单位正电荷从 a 点移动到 b 点所做的功定义称为 a、b 两点之间的电压。

电压的基本单位为伏特（V），也经常使用千伏（kV）、毫伏（mA）、微伏（μV）等。换算关系为，1 千伏（kV）＝ 1000 伏（V），1 伏（V）＝ 1000 毫伏（mA），1 毫伏（mA）＝ 1000 微伏（μV）。

4. 电动势

电动势是提供电能的装置，电动势是衡量电源内部非电能转化为电能的固有特性的物理量，用 E 表示，基本单位是伏特（V）。

5. 电位

在电路中任意选择作为参考点，并且设置参考点的电位为零，此时电路中某店至参考点的电压称为该点的电压，使用 V 来表示，单位为伏特（V）。

在电路中，电位的参考点可以随意指定。在电路中接地点时，一般以地为参考点，假如没有接地点，则选择较多导线汇集点作为参考点，其中参考点用符号⊥表示。

假如电路中某店电位为正，则说明该点的电位比参考点要高；假如某点的电位为负，则说明该点的电位比参考点要低。

6．电功率

电功率用来衡量元器件在单位时间内消耗电能或电流在单位时间内完成的电功，又称功率，用 P 表示。

在一段直流电路中，假如已知元件的电压和电流，则功率的表达式为 $P=UI$。

功率的基本单位为瓦特（W），此外，千瓦（kW）、毫瓦（mW）也常用。这些单位之间的关系为，1 千瓦（kW）= 1000 瓦（W），1 瓦（W）= 1000 毫瓦（mW）。

7．电能

负载上消耗的电能可以通过公式 $W=Pt$ 计算后得到，单位为焦［耳］，简称焦（J）。在工程上常用"千瓦时"（kW·h 常表示为 kWh）作为电能的使用单位。

一般情况下，电能表上显示的读数"1 度"的含义是功率为 1 千瓦（kW）的电气设备使用 1 小时（h）所消耗的电能，即 1 度 = 1kWh，这是电能的另一个工业计量单位。

8．接地

接地在电气工程中应用范围很广，其含义如下所述。

（1）在电路图中，接地符号处的电位规定为 0V。在如图 1-8 所示的电路中，D 点标有接地符号，则规定 D 点的电位为 0V。

（2）电路图中标有接地符号的地方都是直接接通的。如图 1-9 所示的（a）电路图与（b）电路图虽然从连接样式上有所差别，但是实际的电路连接是一致的，因此通电后两个电路中的灯泡都会亮。

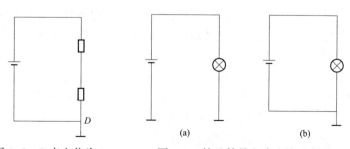

图 1-8　D 点电位为 0　　　图 1-9　接地符号电路连接示意图

（3）在强电设备中经常将设备的外壳与大地连接，因此当设备绝缘性能变差而使外壳带电时，可以迅速通过接地线泄放到大地，从而避免人体触电。

9. 屏蔽

电气设备为防止某些元器件和电路工作时受到干扰，或为防止某些元器件和电路在工作时产生干扰信号影响其他电路正常工作，一般都会对这些元器件和电路采取隔离措施，这种隔离称为屏蔽。

屏蔽的做法就是用金属材料（也称为屏蔽罩）将元器件或者电路封闭起来，再将屏蔽罩接地（一般为电源的负极）。如图1-10所示为常用的屏蔽符号。

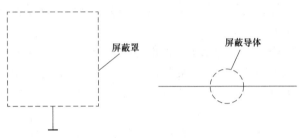

图1-10 屏蔽罩符号

1.2 认 识 电 路

电路按使用电源的不同可以分为直流电路与交流电路。假如电路工作时电流的大小和方向不随时间变化，这种电流称为直流电路。假如电路工作时电流的大小和方向随时间变化，则称为交流电路。

本节介绍直流电路与交流电路。

1.2.1 直流电路概述

直流电路，就是指电流的方向不变的电路，其电流大小是可以改变的。直流电流仅在电路闭合时流通，而在电路断开时则完全停止流动。

在电源以外，正电荷经过电阻从高电势处流向低电势处。而在电源以内，依靠电源的非静电力的作用，在克服静电力的情况下，再把正电荷从低电势处"搬运"到达高电势处。

经此循环，即可构成闭合的电流线。因此，在直流电路中，电源的作用是提供不随时间变化的恒定电动势，为在电阻上消耗的焦耳热补充能量。

如常用的手电筒（使用干电池的那种类型）就构成一个直流电路。通常情况下，把干电池、蓄电池当作电源的电路就可以认为是直流电路。

把市电经过整流桥变压之后，作为电源而构成的电路也是直流电路。普遍的低电压电器都是利用直流电，特别是电池供电的电器。大部分的电路都要求使用直流电源。但是我们电视机，电灯等家用电器所用的电都是交流电，它们就是交流电路。

如图 1-11 所示为直流电路的示意图。线路上的箭头指示电流的流经方向，闭合电路后，电流沿一个方向流通。

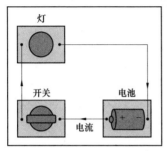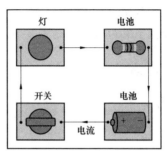

图 1-11 直流电路示意图

直流电又可分为稳定直流电及脉动直流电。

1. 稳定直流电

稳定直流电是指方向固定不变、大小也不会变的直流电。稳定直流电的示意图如图 1-12 所示。稳定直流电的电流 I 的大小始终保持不变（始终为 6mA），在图中使用直线来表示；并且直流电的电流方向保持不变，始终从电源正极流向负极，图中的直线始终在 t 轴上方，表示电流的方向始终不变。

2. 脉动直流电

脉动直流电指方向固定不变，但是大小随着时间而变化的直流电。脉动直流电的示意图如图 1-13 所示。从图中可知，脉动直流电的电流 I 的大小随着时间作波动变化，例如 t_1 时刻电流为 6mA，t_2 时刻电流为 4mA；电流大小波动变化在图中使用曲线来表示，脉动直流电的方向始终不变，电流始终从电源正极流向负极，图中的曲线始终在 t 轴上方，表示电流的方向始终不变。

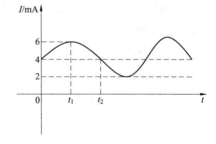

图 1-12 稳定直流电示意图　　　　图 1-13 稳定交流电示意图

1.2.2 交流电路概述

交流电是指方向及大小都随着时间作周期性变化的电压或电流。

1. 正弦交流电

日常生活中所使用的交流电源以及很多电信号，其电动势、电压和电流一般都是随着时间按正弦规律周期性变化的，因此得名正弦交流电或正弦交流信号，经常统称为正弦量。

正弦交流电的符号、电路和波形的绘制结果如图 1-14 所示。

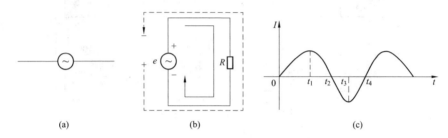

图 1-14　正弦交流电表示方式
（a）符号；（b）电路；（c）波形

图 1-14（c）中的正弦交流电波形说明如下。

（1）$0 \sim t_1$ 区间。在该区间内，交流电源 e 的电压极性是上正下负，电流 I 的方向是，交流电源上正→电阻 R→交流电源下负，并且电流 I 逐级增大，电流逐渐增大在图 1-14（c）中用波形逐渐上升表示，t_1 时刻电流达到最大值。

（2）$t_1 \sim t_2$ 区间。在该区间内，交流电源 e 的电压极性不变，仍然是上正下负，电流 I 的方向也不变，仍然是交流电源上正→电阻 R→交流电源下负；但是电流 I 逐渐减小，电流逐渐减小在图 1-14（c）中用波形逐渐下降来表示，t_2 时刻为 0。

（3）$t_2 \sim t_3$ 区间。在此区间中，交流电源的电压极性发生了变化，即交流电源 e 的电压极性变为上负下正，电流 I 的方向也发生了改变，图 1-14（c）中的交流电波有 t 轴上方转到下方表示电流方向发生了改变，电流 I 的方向为，交流电源下正→电阻 R→交流电源上负；此时电流反方向逐渐增大，t_3 时刻反方向的电流达到最大值。

（4）$t_3 \sim t_4$ 区间。在该区间内交流电源 e 的电压极性仍然为上负下正，电流为反方向。电流的方向是，交流电源下正→电阻 R→交流电源上负；此时电流反方向逐渐减小，t_4 时刻电流减小到 0。

t_4 时刻以后，交流电源的电流大小和方向变化与 $0 \sim t_4$ 器件变化相同。事实上，交流电源不但电流大小和方向按照正弦波来变化，而且其电压大小和方向变化也像电流一样按正弦波变化。

2．三相交流电

三相电源是具有三个频率相同、幅值相等但是相位不同的电动势的电源，用三相电源供电的线路被称之为三相电路。

三相电路应用广泛，不仅发电厂普遍使用三相交流发电机，而且大多数的电力系统都采用三相电路来产生和传输电能，工厂中的电力设备，如三相交流电动机也是采用三相电路的三相设备。

三相发电机与单相发电机的区别在于，三相发电机可以同时产生并输出三组电源，但是单相发电机只能输出一组电源，因此三相发电机效率比单相发电机效率要高。

如图 1-15 所示为三相交流发电机结构示意图。从图中可以看出，三相发电机主要是由互成 120° 角并且固定的 U、V、W 三组绕组和一块旋转磁铁组成。当磁铁旋转时，磁铁产生的磁场切割这三组绕组，这样就会在 U、V、W 三组绕组中分别产生交流电动势，各绕组两端分别输出交流电压 U_U、U_V、U_W，这三组绕组输出的三组交流电压就被称作三相交流电压。常见的三相交流发电机每相交流电压的大小为 220V。

无论磁铁旋转到何处，穿过三组绕组的磁力线都会产生变化，因此三绕组所产生的交流电压也就不同。如图 1-16 所示为三相交流发电机产生的三相交流电波形示意图。

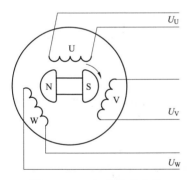

图 1-15 三相交流发电机
结构示意图

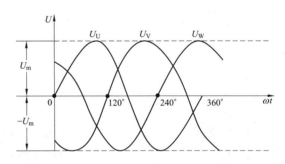

图 1-16 三相交流电波形示意图

1.3 了解电阻的连接方式

电阻又可以称为电阻器，在电路中作用为分压、分流（限流）、耦合（交连）、负载、退耦、振荡及定时等。电阻在电路中的连接方式有串联、并联、混联，本节介绍电阻的三种连接方式。

1.3.1 认识电阻的串联

若干个电阻首尾依次相连，使得电流只有一条通路的连接方式称为电阻的串联。如图1-17所示为电阻串联示意图。

电阻串联的特点如下。

（1）流过各串联电阻的电流相等，即都为I。

（2）电阻串联后的总电阻增大，总电阻等于各串联电阻之和，即$R=R_1+R_2$。

（3）总电压U等于各串联电阻上电压之和，即$U=U_1+U_2$。

（4）串联电阻越大，两端电压越高，因为$R_1<R_2$，因此$U_1<U_2$。

在如图1-17所示的电路示意图中，两个串联电阻上的总电压$U=E=6\text{V}$。电阻串联后总电阻$R=R_1+R_2=12\Omega$。流过各电阻的电流$I=U/(R_1+R_2)=(6/12)\text{A}=0.5\text{A}$。电阻$R_1$上的电压$U_1=IR_1=0.5\times5\text{V}=2.5\text{V}$，电阻$R_2$上的电压$U_2=IR_2=0.5\times7\text{V}=3.5\text{V}$。

1.3.2 认识电阻的并联

若干个电阻一端连在一起，另一端也连在一起，使每个电阻两端都承受同一电压的连接方式为电阻的并联。如图1-18所示为电阻并联示意图。

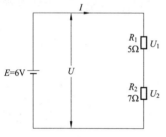

图1-17 电阻串联示意图

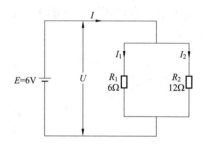

图1-18 电阻并联示意图

电阻并联的特点如下。

（1）并联的电阻两端的电压相等，即$U_1=U_2$。

（2）总电流等于流过各个并联电阻的电流之和，即$I=I_1+I_2$。

（3）电阻并联总电阻减小，总电阻的倒数等于各并联电阻的倒数之和，即$\dfrac{1}{R}=\dfrac{1}{R_1}+\dfrac{1}{R_2}$，也可表示为$R=\dfrac{R_1R_2}{R_1+R_2}$。

（4）在并联电路中，电阻越小，流过的电流越大，因为$R_1<R_2$，所以流过的R_1的电流I_1大于流过R_2的电流I_2。

在图1-18所示的电路中，并联的电阻R_1、R_2两端的电压相等，$U_1=U_2=$

$U=6\mathrm{V}$。流过 R_1 的电流 $I_1=U_1/R_1=$（6/6）$\mathrm{A}=1\mathrm{A}$，流过 R_2 的电流 $I_2=U_2/R_2=$（6/12）$\mathrm{A}=0.5\mathrm{A}$，总电流 $I=I_1+I_2=$（1+0.5）$\mathrm{A}=1.5\mathrm{A}$。R_1、R_2 并联总电阻为

$$R=\frac{R_1R_2}{R_1+R_2}=\frac{6\times12}{6+12}\Omega=4\Omega。$$

1.3.3　认识电阻的混联

当一个电路中的电阻既有串联又有并联的时候称为电阻的混联。如图 1-19 所示的电阻混联示意图。

电阻混联电路中的总电阻求法为，先求并联电阻的总电阻，接着求串联电阻与并联电阻的总电阻之和。在如图 1-19 所示的电路中，并联电阻 R_3、R_4 的总电阻为 $R_0=\dfrac{R_3R_4}{R_3+R_4}=\dfrac{6\times12}{6+12}\Omega=4\Omega$。

电路的总电阻为 $R=R_1+R_2+R_0=$（5+7+4）$\Omega=16\Omega$。

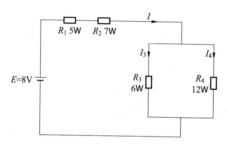

图 1-19　电阻混联示意图

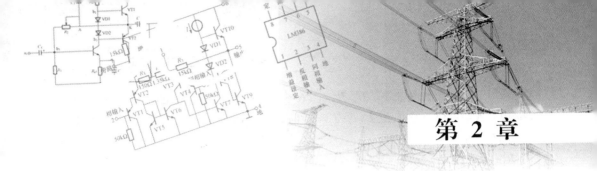

第 2 章

电气施工图识读基础

电气施工图的职能是为各类电气工程的安装、检查、维修提供指导，国家制图标准规定了绘制电气图的规则，除此之外，本行业也有一些约定俗成的表示图形的方式。初学者在学习识读电工图之前，应该先了解对这些国家标准或者行业规则，以便正确识读电气工程图。

2.1 电气施工图的识读步骤

阅读一套电气施工图的步骤如下。

（1）看标题栏及图纸目录。通过看标题栏和图纸目录，来了解电气工程的名称、项目内容、设计日期以及图纸数量和内容等信息。

（2）阅读总说明。在总说明文字中，概述了工程总体概况及设计已经被，表达了在图纸中未能清楚表达的各有关事宜。例如供电电源的来源、电压等级、线路敷设方法、设备安装高度安装方式、补充使用的非国标图形符号、施工时应该注意的事项等。

（3）阅读系统图。各项工程都包含系统图，如变配电工程的供电系统图、电力工程的电力系统图、照明工程的照明系统图、通信工程的电缆电视系统图等。通过阅读系统图，可以了解系统的基本组成，主要电气设备、元件等连接关系以及它们的规格、型号、参数等，从而掌握该系统的组成概况。

（4）阅读平面布置图。平面布置图的类型有变配电所电气设备安装平面图、电力平面图、照明平面图、防雷、接地平面图等。平面布置图用来表示设备安装位置、线路敷设部位、敷设方法以及所用导线的型号、规格、数量、管径大小等。在阅读系统图并了解系统图的组成情况后，就可以依据平面图编制工程预算和施工方案，开始工程的施工了。阅读平面布置图的顺序通常为，进线→总配线箱→干线→支干线→分配电箱→用电设备。

（5）阅读电路图。通过阅读电路图，来了解各系统中用电设备的电气自动控制原理，以此来指导设备的安装和控制系统的调试工作。因为电路图一般是采用多功能布局法来绘制的,所以在看图时应该依据功能关系从上至下或从左至右逐回路阅读。

(6)阅读安装接线图。通过阅读安装接线图,可以了解设备或者电器的布置与接线。通常情况下都与电路图对于阅读,以进行控制系统的配线和调校工作。

(7)阅读安装大样图。安装大样图表示设备的安装方法,是依据施工平面图来进行安装施工和编制工程材料计划时的重要参考图纸。

(8)阅读设备材料表。在设备材料表中表示了该电气工程所使用的设备、材料的型号、规格和数量,是编制材料计划、购置设备的重要依据之一。

2.2 电气图的常用符号

电气图由连接线路与电气符号组成,因此正确地识别各类电气符号所代表的意义至关重要。本节介绍各类常用电气符号。

2.2.1 电气符号的组成部分

图形符号由基本符号、一般符号、符号要素、限定符号等元素组成,是用来表示一个设备或者一个概念的图形、标记或者字符的符号。

基本符号常用来表达独立的电器或者电器元件,如"+"表示直流电的正极,"-"符号表示直流电的负极。

常用的基本符号见表2-1。

表2-1　　　　　　　　　　　　电气基本符号

图形符号	说明	图形符号	说明
 ᅳ ᅳ ᅳ	直流	 ⌐_	负阶跃函数
 ∿	交流	 ⚡	故障
+	正极	 ⚡	闪络、击穿
−	负极		
⊓_	正脉冲	N	中性线
ᅳ⊔	负脉冲	M	中间线
 _⌐	正阶跃函数	⏚	接地符号

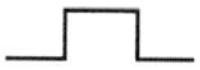

13

续表

图形符号	说明	图形符号	说明
▽	等电位符号	⏚	保护接地

一般符号通常用来表示某类产品或者某类产品的特征，如绘制"○"来表示电动机。

符号要素图形比较简单，如矩形、圆形，通常使用符号元素与其他图形相结合来表示一个设备或者概念。符号要素及组合示例见表 2-2。

表 2-2　　　　　　　　　　　　　　　符号要素

符号要素	说明	符号要素	说明
形式1 □ 形式2 ▭ 形式3 ○	（1）物件：表示设备、器件、功能单元、元件、功能 （2）符号轮廓：应在图形内填入符号或者代号文字，以表示物体的类别 （3）可以根据实际的需要，选择其他类型的图形轮廓	┆┈┆	表示屏蔽、护罩。 如为了减弱电场或者电磁场的穿透程度，可以将屏蔽符号绘制成各种易于表达的形状
形式1 ○ 形式2 ▢	表示外壳、罩	—·—·—	表示边界线，用来表示物理、机械或者功能上相关联的对象组的边界

如图 2-1 所示为构成电子管的符号要素，采用不同的组合形式，可以构成不同的图形符号，如图 2-2 所示。

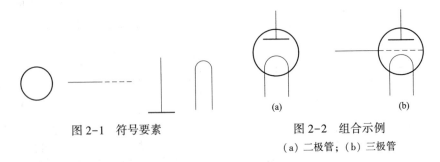

图 2-1　符号要素　　　　　　图 2-2　组合示例
　　　　　　　　　　　　　　　（a）二极管；（b）三极管

限定符号附加在其他图形符号上，用来表示附加信息，例如可变性、方向等。使用限定符号与其他符号一起组合，以构成完整的图形符号。

限定符号的使用示例见表 2-3。

表 2-3　　　　　　　　　　　　　　　　　　限定符号

类别	限定符号	说明	类别	限定符号	说明
力或运动方向	 →	单向力，单向直线运动	材料的类型	▭●	气体材料
	 ↔	双向力，双向直线运动		▭▷	半导体材料
	 ⤴	单向环形运动，单向旋转，单向扭转		▱	绝缘材料
	 ⤵	双向环形运动，双向旋转，双向扭转	效应或者相关性	⌐_	热效应
流动方向	 →	单向传送，单向流动，如能量、信号、信息		×	磁场效应
	 ⇄	同时双向传送，同时双向发送和接收		∫	电磁效应
	 →○→	非同时双向传送，交替发送和接收	效应或者相关性	⊢—	延时（延迟）
	 ⊢→	能量从母线（汇流排）输出		⊣	半导体效应
	 ⊢←	能量从母线（汇流排）输入		//	具有电隔离的耦合效应
	•—→	发送		⤢	非电离的电磁辐射
	 —•→	接收			
特种量的动作相关性	>	特征量值大于整定值时动作	辐射	↗	非电离的相干辐射
	<	特征量值小于整定值时动作			
	=0	特征量等于零时动作		⇝	电离辐射
材料的类型	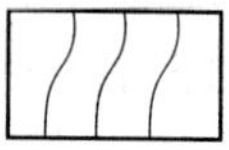 ▤	固体材料			
	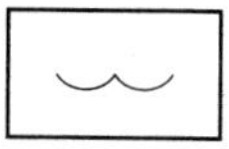 ▭	液体材料			

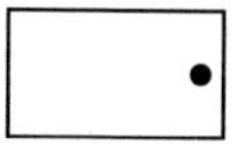

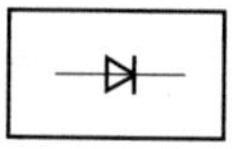

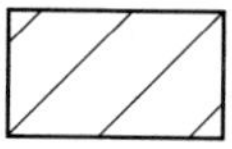

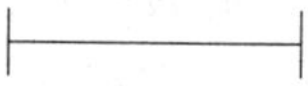

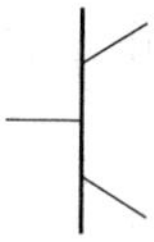

15

类别	限定符号	说明	类别	限定符号	说明
信号波形	〜	交流脉冲	印刷、凿孔和传真		在纸带上同时打印和打孔
	／	锯齿波		▭	纸页打印
印刷、凿孔和传真		纸带打印			
	− − − −	纸带打孔或使用打孔纸带		● ●	键盘

2.2.2 电气符号的分类

电气符号可以分类两类，一类是电气图用图形符号，指用在电气图样上的符号；另一类是电气设备图形符号，指在实际电气设备或者电气部件上使用的符号。

（1）电气图用图形符号。电气图用图形符号类型很多，在 GB/T 4728—2005 中，将电气图用图形符号分为十一类，分别如下。

1）导线和连接件；

2）基本无源元件；

3）半导体和电子管；

4）电能的发生和转换；

5）开关控制和保护器件；

6）测量仪表、灯和信号器件；

7）电信、交换和外围设备；

8）电信、传输；

9）建筑安装平面布置图；

10）二进制逻辑元件；

11）模拟元件。

具体的常用图形符号可以参见本书后面的附录内容。

（2）电气设备用图形符号。电气设备用图形符号适用于各种类型的电气设备或电气设备的部件上，用途为识别、限定、说明、命令、警告及指示灯。

在国家制图标准 GB/T 5465—1996 中，将电气设备用图形符号分为六个部分。

1）通用符号；

2）广播电视及音响设备符号；

3）通信、测量、定位符号；

4）医用设备符号；

5）电化教育符号；

6）家用电器及其他符号。

具体的常用设备图形符号可以参见本书后面的附录内容。

（3）使用图形符号的注意事项。

1）绘制图形符号时应该按照未受外力作用、未通电的正常状态来绘制，例如按钮未按下、继电器/接触器的线圈未通电等。

2）为突出主次或者区别不同的用途，相同的图形符号允许大小、宽度不同来加以区别。例如主电路与副电路、变压器与互感器、母线与普通导线等。

3）某个元器件或者设备由几种图形符号时，在选用时要尽量采用优选性，尽量选用样式最简单。

4）在表示同类设备、元器件时，要求图形符号大小一致、排列均匀、图线等宽。

2.2.3　电气工程图的文字符号

在电气图纸中使用图形符号来表示一类设备及元件，为了明确地区分同类设备或者元件中不同功能的设备或元件，必须在图形符号旁边标注相应的文字符号。

1. 文字符号的类型

（1）基本文字符号。基本文字符号是用来表示元器件、装置和电气设备的类别名称，分为单字母符号及双字母符号两类。基本文字符号的具体内容请参阅本书后面的附录内容。

1）单字母文字符号。在电气制图中，将元器件、装置和电气设备分成 20 多个门类，每个门类使用一个大写字母来表示，其中，I、O、J 字母未被使用。

2）双字母符号。双字母符号由表示大类的单字母符号之后添加一个字母组成。如，R 表示电阻器类，RP 表示电阻器类别中的电位器，H 表示信号器件类，HL 表示信号器件类的指示灯，等等。

（2）辅助文字符号。辅助文字符号不仅用来表示电气设备装置及元器件，还用来表示线路的功能、状态及其特征。辅助文字符号的选用见表 2-4。

表 2-4　　　　　　　　　　　辅助文字符号

序号	名称	符号	序号	名称	符号
1	高	H	4	降	D
2	低	L	5	主	M
3	升	U	6	辅	AUX

续表

序号	名称	符号	序号	名称	符号
7	中	M	19	时间	T
8	正	FW	20	闭合	ON
9	反	R	21	断开	OFF
10	红	RD	22	附加	ADD
11	绿	GN	23	异步	ASY
12	黄	YE	24	同步	SYN
13	白	WH	25	自动	A，AUT
14	蓝	BL	26	手动	M，MAN
15	直流	DC	27	起动	ST
16	交流	AC	28	停止	STP
17	电压	V	29	控制	C
18	电流	A	30	信号	S

（3）特殊文字符号。电气工程图中有特殊作用的接线端子、导线等，一般采用一些专用的文字符号来标注。特殊文字符号的选用见表2-5。

表 2-5　　　　　　　　　特殊文字符号

序号	名称	文字符号	序号	名称	文字符号
1	交流系统电源第1相	L1	11	接地	E
2	交流系统电源第2相	L2	12	保护接地	PE
3	交流系统电源第3相	L3	13	不保护接地	PU
4	中性线	N	14	保护接地线和中性线共用	PEN
5	交流系统设备第1相	U	15	无噪声接地	TE
6	交流系统设备第2相	V	16	机壳和机架	MM
7	交流系统设备第3相	W	17	等电位	CC
8	直流系统电源正极	L+	18	交流电	AC
9	直流系统电源负极	L	19	直流电	DC
10	直流系统电源中间线	M			

（4）文字符号使用时的要点。

1）文字符号即可单独使用，也可以与单字母组成双字母来使用。如 H 表示信号器件类，而 HL 则表示信号器件类的指示灯。

2）电气技术文字符号不适用于对电气产品的命名和型号编制。

3）在书写文字符号的字母时采用拉丁字母正体大写。

4）通常情况下采用单字母进行标注，只有在对电气设备、元器件进行详细描述时才采用双字母来标注。

2.2.4　电气设备及线路的标注方法

在电气工程图中经常使用一些文字及数字来按照一定的书写格式来表示电气设备及线路的规格型号、编号、容量、安装方式、标高以及位置等。这些标注方式应该熟练掌握，以便为绘制或者识读电气图提供方便。

电气设备及线路的标注方式见表 2-6。

表 2-6　　　　　　　　　　　　电气设备及线路的标注方式

标注方式	解释说明
$\dfrac{a}{b}$ 或 $\dfrac{a}{b}+\dfrac{c}{d}$	用电设备 a——设备编号； b——额定功率（kW）； c——线路首端熔断或自动开关释放器的电流（A）； d——标高（m）
$a\dfrac{a}{b}$ 或 a-b-c	电力和照明设备 1）一般标注方式 2）当需要标注引入线的规格时 a——设备编号； b——设备型号； c——设备功率（kW）； d——导线型号； e——导线根数； f——导线截面（mm²）； g——导线敷设方式及部位
$a\dfrac{b}{c/i}$ 或 a-b-c/i $a\dfrac{b-c/i}{d~(e×f)~-g}$	开关及熔断器 1）一般标注方法 2）当需要标注引入线的规格时 a——设备编号； b——设备型号； c——额定电流（A）； i——整定电流（A）； d——导线型号； e——导线根数； f——导线截面（mm²）； g——导线敷设方式

标注方式	解释说明
$a/b-c$	照明变压器 a——一次电压（V）； b——二次电压（A）； c——额定电流（A）
$a-b\dfrac{c\times d\times L}{e}f$	照明灯具 1）一般标注方法 2）灯具吸顶安装 a——灯数； b——型号或编号； c——每盏照明灯具的灯泡数； d——灯泡容量（W）； e——灯泡安装高度（m）； f——安装方式； L——光源种类
1）a 2）$\dfrac{a-b}{c}$	照明照度检查点 1）a——水平照度（Lx）； 2）$a-b$——双测垂直照度（Lx）； 　　c——水平照度（Lx）
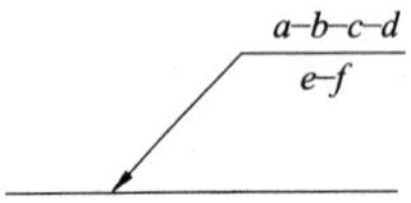 $\dfrac{a-b-c-d}{e-f}$	电缆与其他设施交叉点 a——保护管根数； b——保护管直径（mm）； c——管长（m）； d——地面标高（m）； e——保护管埋深度（m）； f——交叉点坐标
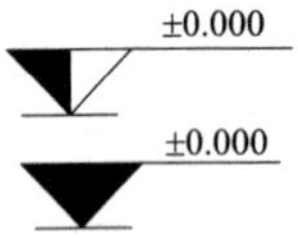 ±0.000 ±0.000	安装或敷设标高（m） 1）用于室内平面、剖面图上 2）用于总主平面图上的室外地面
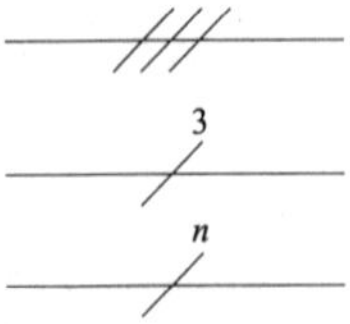 3 n	导线根数，当使用单线表示一组导线时，假如需要表示出导线数，可以用小短斜线或画一条短斜线加数字表示，如： 1）表示 3 根 2）表示 3 根 3）表示 n 根
V	电压损失（%）
$-220V$	直流电压 220V

续表

标注方式	解释说明
$m \sim fU$	交流电 m——相数； f——频率（Hz）； U——电压（V）

在电气工程图中表达线路敷设方式标注的文字符号见表2-7。

表 2-7　　　　　　　　　　　线路敷设方式标注符号

序号	文字符号	名称	序号	文字符号	名称
1	SC	穿焊接钢管敷设	15	PL	用瓷夹敷设
2	MT	穿电线管敷设	16	PCL	用塑料夹敷设
3	PC	穿硬塑料管敷设	17	AB	沿或跨梁（屋架）敷设
4	FPC	穿阻燃半硬聚氯乙烯管敷设	18	BC	暗敷在梁内
5	CT	电缆桥架敷设	19	AC	沿或跨柱敷设
6	MR	金属线槽敷设	20	CLC	暗敷设在柱内
7	PR	塑料线槽敷设	21	WS	沿墙面敷设
8	M	用钢索敷设	22	WC	暗敷设在墙内
9	KPO	穿聚氯乙烯塑料波纹电线管敷设	23	CE	沿天棚或顶板面敷设
10	CP	穿金属软管敷设	24	CC	暗敷设在屋面或顶板内
11	DB	直接埋设	25	SCE	吊顶内敷设
12	TC	电缆沟敷设	26	ACC	暗敷设在不能进入的吊顶内
13	CE	混凝土排管敷设	27	ACE	在能进入的吊顶内敷设
14	K	用瓷瓶或瓷柱敷设	28	F	地板或地面下敷设

表达线路敷设部位标注的文字符号见表2-8。

表 2-8　　　　　　　　　　　线路敷设部位标注符号

序号	文字符号	名称	序号	文字符号	名称
1	AB	沿或跨梁（屋架）敷设	7	AC	沿或跨柱敷设
2	CE	沿吊顶或顶板面敷设	8	SCE	吊顶内敷设
3	WS	沿墙面敷设	9	RS	沿屋面敷设
4	CC	暗敷设在顶板内	10	BC	暗敷设在梁内
5	CLC	暗敷设在柱内	11	WC	暗敷设在墙内
6	FC	暗敷设在地板或地面下			

表达灯具安装方式标注的文字符号见表2-9。

表 2-9　　　　　　　　　　灯具安装方式标注符号

序号	文字符号	名称	序号	文字符号	名称
1	SW	线吊式自在器线吊式	9	R	嵌入式
2	SW1	固定线吊式	10	CR	顶棚内安装
3	SW2	防水线吊式	11	WR	墙壁内安装
4	SW3	吊线器式	12	S	支架上安装
5	CS	链吊式	13	CL	柱上安装
6	DS	管吊式	14	HM	座装
7	W	壁装式	15	T	台上安装
8	C	吸顶式			

2.2.5　识读接线端子与导线线端的标记

与特定的导线直接或者通过中间电器相连的电气设备接线端子应按表2-10中的字母来进行标记。

表 2-10　　　　　　　　特定端子标记与特定导线线端的识别

导体名称		标记符号			
		导线线端		电气设备端子	
		新符号	旧符号	新符号	旧符号
交流系统电源	导体一相	L1	A	U	D1
	导体二相	L2	B	V	D2
	导体三相	L3	C	W	D3
	中性线	N	N	N	0
直流系统电源	导体正极	L_+	+	C	
	导体负极	L_-	—	D	
	中间线	M		M	
保护接地（保护导体）		PE		PE	
不保护接地导体		PU		PU	
中性线保护导体（保护接地线和中性线共用）		PEN		—	
接地导体（接地线）		E		E	
低噪声（防干扰）接地导体		TE		TE	
机壳或机架连接		MM*		MM*	
等电位连接		CC*		CC*	

注　只有在这些接线端子或者导体与保护导体或接地导体的电位不相等时，才会采用这些识别标记。

22

2.2.6　识读绝缘导线的标记

标记绝缘导线的目的，就是用来识别电路中的导线和已经从其连接的端子上拆下来的导线。

GB 4884—1985 文件规定了标记绝缘导线的方式，但是电器（例如旋转电动机和变压器）端子的绝缘导线除外，其他设备（例如电信电路或包括电信设备的电路）则仅作为参考。

绝缘导线标记的方式如图 2-3 所示。

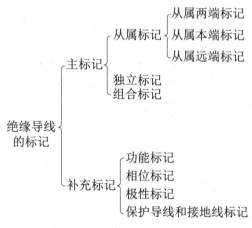

图 2-3　绝缘导线的标记方式

对各项标记的解释如下所述。

（1）主标记。主标记仅标记导线或者线束的特征，而不需要考虑其电气功能的标记系统。其中，主标记又可分为从属标记、独立标记和组合标记三类。

1）从属标记。从属标记是以导线所连接的端子标记或线束所连接的设备的标记为依据的导线或者线束的标记系统。

在从属标记中，导线标记可以包括设备标记，如图 2-4、图 2-5 所示中的 A、D。也可以不包括设备标记，如图 2-6、图 2-7 所示。但是在单独使用端子标记将会引起混淆时，导线标记必须包括设备标记，如图 2-4 所示。

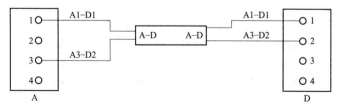

图 2-4　两根导线和线束（电缆）从属两端标记举例

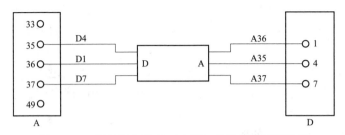

图 2-5　三根导线和线束（电缆）从属远端标记举例

从属标记又可分为从属两端标记、从属本端标记、从属远端标记三类，下面分解介绍之。

a. 从属两端标记。导线的每一端都标出与本端连接的端子标记及与远端连接的端子标记，如图 2-6 所示。线束每端的标记既要标出与本端连接的设备的部件，又要标出与远端连接的设备部件，如图 2-4 所示。

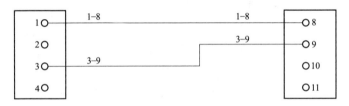

图 2-6　两根导线从属两端标记举例

b. 从属本端标记。导线终端的标记与其所连接的端子标记相同，如图 2-7 所示。线束终端的标记标出其所连接的设备部件。

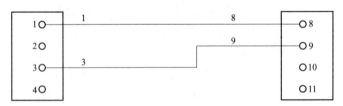

图 2-7　两根导线从属本端标记举例

c. 从属远端标记。导线终端的标记具有与远端所连接的端子的标记相同的标记系统。线束终端的标记标出远端所连接的设备的部件的标记系统。图 2-5 所示的系统比图 2-4 所示的系统两端的标记更为简单，并且方便确定故障点及进行维修。但是它一般需要另外绘制接线图或者接线表，以方便接线在拆下后都能正确进行连接。

2）独立标记。独立标记是与导线所连接的端子的标记或者线束所连接的设备的标记无关的导线或者线束的标记系统，通常情况下使用线路回路标号标记，如图2-8所示。

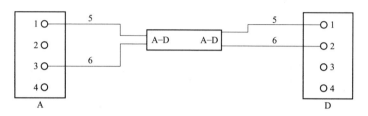

图2-8 导线独立标记和线束（电缆）从属两端标记举例

3）组合标记。组合标记是从属标记与独立标记混合使用的标记系统，如图2-9、图2-10所示。

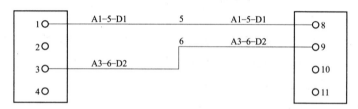

图2-9 两根导线组合标记举例

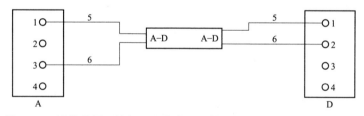

图2-10 导线从属两端标记和线束（电缆）独立标记的组合标记举例

（2）补充标记。补充标记用于对主标记左补充说明，是以每一导线或者线束的电气功能为依据进行标记的系统。补充标记可以用字母或者数字来表示，也可以用颜色标记或有关符号表示。补充标记又可分为功能标记、相位标记、极性标记等。

1）功能标记。功能标记是分别考虑每一根导线的功能（如开关的闭合或者断开，位置的表示、位电流或者电压的测量等），或者一起考虑几根导线的功能（如电热、照明信号、测量电路）的补充标记。

25

2）相位标记。相位标记是表明导线连接到交流系统的某一相的补充标记，相位标记采用大写字母或者数字或者两者兼用来表示相序。交流系统中的中性线必须使用字母 N 来标明。与此同时，为了区别裸导线的相序，以方便运行维护和检修，国家标准对于三相交流系统中的裸导线涂色规定见表 2-11。

表 2-11 裸导线涂色规定

系统	交流三相系统					直流系统	
母线	第一相 L1（A）	第二相 L2（B）	第三相 L3（C）	N 线及 PEN 线	PE 线	正极 L$_+$	负极 L$_-$
涂色	黄	绿	红	淡蓝	黄绿双色	赭石色	蓝

3）极性标记。极性标记是表明导线连接到直流电路的某一极的补充标记。使用符号标明直流电路导线的极性时，正极使用"+"标记，负极使用"-"标记，直流系统的中间线使用字母 M 来标明。为避免负极发生混淆，可以使用"（-）"来标明负极标记。

4）保护导线和接地线的标记。不管在何种情况下，字母符号或者数字编号的排列都应该方便阅读。其可以排成列，或者排成行，而且应该从上到下、从左到右、靠近连接线或者元器件图形符号来排列。

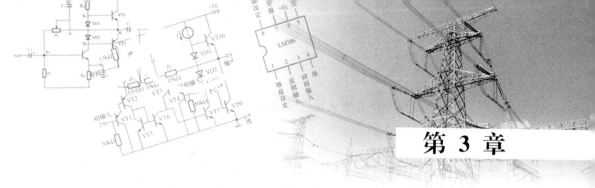

第 3 章

变配电工程图识读实例

本章介绍变配电工程图的相关知识，如建筑供电系统的基础知识、各类变配电工程的电气设备的简介，以及识读各类变配电工程图的方法，如主接线图、电气工程图、二次电路图。

3.1 建筑供电系统的基础知识

本节介绍建筑供配电系统的基础知识，如建筑电气系统的组成、电力系统电压的分类、电力负荷的分类等。

3.1.1 建筑电气系统概述

在建筑电气系统中，各级电压的电力线路及其所联系的变电所称为电力网，简称电网。电网是电气系统中一个重要组成部分，承担了将电力由发电厂分配给用户的工作，即担负着输电、变电、配电的任务。

电气系统是由发电厂、输配电网、变电所以及电力用户组成的统一整体。直接将电能送到用户区的网络称为配电网或配电系统，以配电为目的。配电网上的电压由系统及用户的需要确定，因此配电网又分为高压配电网（一般指 35kV 及以上的电压，目前最高电压为 110kV）、中亚配电网（一般指 3、6、10kV）以及低压配电网（一般指 220、380V）。

1. 发电厂

发电厂是生产电能的工厂，可以将自然界蕴藏的各种一次能源，如热能、水的势能、太阳能及核能等转变为电能。发电厂按所使用的能源不同，可以分为火力发电厂、水力发电厂、核能发电厂、风力发电厂、地热发电厂、太阳能发电厂等。

2. 输配电网

输配电网是进行电能输送的通道，分为输电线路和配电线路两种。输电线路是将发电厂发出的经过升压后的电能送到邻近负荷中心的枢纽变电站，或者连接相邻的枢纽变电站，由枢纽变电站将电能送到地区变电站，其电压等级一般都在

220kV 以上；配电线路是将电能从地区变电站经降压后输送到电能用户的线路，其电压等级一般为 110kV 及以下。

3. 变电站

变电站是变换电压和交换电能的场所，由变压器和配电装置组成。变电站按变压器的性质和作用又可以分为升压变电站和降压变电站，将仅装有受、配电设备而没有变压器的场所称为配电所。

4. 电力用户

电力用户就是电能消耗的场所，例如电动机、电炉、照明器等设备。它从电力系统中吸收电能，并将电能转化为机械能、热能、光能等。

3.1.2 电力系统电压的分类

电力系统中的电压等级有很多种，不同的电压等级有不同的用途。根据国家规定，交流电力系统的额定电压等级有：110、220、380V；3、6、10、35、110、220、330、550kV 等。

（1）电压的分类。1kV 以下的电压通常称之为低压，低于 330kV 以下、1kV 及以上的电压称为高压，330kV 及以上的电压称为超高压。低压相对于高压而言，但并不意味着对人身没有危险。通常情况下，50V 以上对人身就会有致命的危险，在潮湿的场合，36V 也会对人体存在危险。

（2）电压的适用范围。各类电压等级均有不同的适用范围。在我国的电力系统中，220kV 及其以上的电压等级都使用于大电力系统的主干线，输电距离达到几百千米至上千千米。

110kV 电压用于中、小型电力系统的主干线，输电距离为 100km 左右。35kV 电压用于电力系统的二次网络或大型工厂的内部供电，输电距离为 30km 左右。6~10kV 电压用于送电距离为 10km 左右的城镇和工业与民用建筑施工供电。此外，发电机的出口电压一般也为 6~10kV。

小功率的电动机、电热等用电设备，一般采用三相电压 380V 和单相电压 220V 供电。几百米之外内的照明用电，一般采用 380/220V 三相四线制供电，电灯则接在 220V 相电压上，如图 3-1 所示。

100V 以下的电压，包括 12、24、36V 等，主要用于安全照明，例如在潮湿的工地、建筑物内部的局部照明，以及小容量负荷的用电等。

3.1.3 电力负荷的分类

电力负荷的大小是指用电设备的功率大小。不同的负荷，重要程度也不同，重要的负荷对供电可靠性的要求高。通常情况下将电力负荷按其对供电可靠性的要求及中断供电在政治、经济上造成的损失或影响的程度划分为三级，即一级负荷、二级负荷、三级负荷。

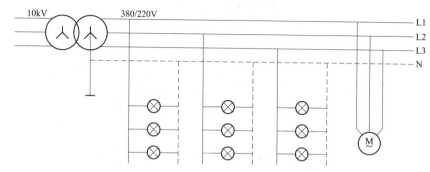

图 3-1　380/220V 三相四线制动力与照明共用一台降压变压器

1. 一级负荷

符合以下情况之一时，应视为一级负荷。

（1）中断供电时将造成人身伤亡的为一级负荷。

（2）中断供电时将在政治、经济上造成重大损失时，如重大设备损坏、重大产品报废、重要原料生产的产品大量报废、国民经济中重点企业的连续生产过程被打乱需要很长时间才能恢复等，出现此类情况的为一级负荷。

（3）中断供电将影响有重大政治、经济意义的用电单位的正常工作，如重要交通枢纽、重要通信枢纽、重要宾馆、大型体育场馆、经常用于国际活动的大量人员集中的公共场所等用电单位中的重要电力负荷。

在一级负荷中，将中断供电会发生在中毒、爆炸和火灾等情况的负荷，以及特别重要场所的不允许中断供电的负荷，都应视为特别重要的负荷。

2. 二级负荷

符合下列情况之一的，应视为二级负荷。

（1）中断供电将在政治上、经济上造成较大损失时，如主要设备损坏、大量产品报废、连续生产过程被打乱需要较长时间才能恢复、重点企业大量减产等。

（2）中断供电将影响重要用电单位的正常工作，如交通枢纽、通信枢纽等用电单位中的重要电力负荷，以及中断供电将造成大型影剧院、大型商场等较多人员集中的重要的公共场所秩序混乱。

3. 三级负荷

除去一级负荷、二级负荷外，其余的应为三级负荷。

对于一些非连续性生产的中小型企业，停电仅影响产量或造成少量产品报废的用电设备，以及一般民用建筑的用电负荷均为三级负荷。

负荷分级情况见表 3-1。

表3-1　　　　　　　　　　　　各类建筑物的负荷分级

序号	用电单位	用电设备或场合名称		负荷级别
1	一类高层建筑	(1) 消防用电：消防控制室、消防泵、防排烟设施、消防电梯及其排水泵、火灾应急照明及疏指示标志、电动防火卷帘等 (2) 走道照明、值班照明、警卫照明、航空障碍标志等 (3) 主要业务用计算机系统电源、安防系统电源、电子信息机房电源客梯电力、排污泵、变频调速恒压供水生活泵		一级
2	二类高层建筑	同上		二级
3	非高层建筑	非高层建筑指建筑高度大于50m的乙、丙类厂房和丙类库房		一级
		(1) 超过1500个座位的影剧院、超过3000个座位的体育馆 (2) 任一层面积大于3000m² 的展览楼、电信楼、财贸金融楼、商店、省（市）级及以上广播电视楼 (3) 室外消防用水量大于25L/s 的其他公共建筑 (4) 室外消防用水量大于30L/s 的工厂、仓库	消防用电	二级
4	国家级国宾馆大会堂国际会议中心	主会场、接见厅、宴会厅照明，电声、录像、计算机系统		一级（特）
		地方厅、总值班室、主要办公室、会议室、档案室、客梯、生活泵		一级
5	国家计算中心	电子计算机系统电源		一级（特）
6	国家气象台	气象业务用计算机系统电源		一级（特）
7	防灾中心 电力调度中心 交通指挥中心	国际及省级的	防灾、电力调度及交通指挥计算机系统电源	一级（特）
			其他用电负荷的负荷等级套用序号1、2、3、8的负荷分级表	一级（特）
8	办公建筑	国家级政府办公建筑	主要办公室、会议室、总值班室、档案室及主要通道照明、消防用电、客梯、生活泵等负荷	一级
		其他办公建筑	一类办公建筑、一类高层办公建筑	包括客梯、主要办公室、会议室、总值班室、档案室及主要通道照明及消防用电负荷、生活泵等	一级
			二类办公建筑，二类高层办公建筑高度不大于50m的省、部级行政办公大楼		二级

序号	用电单位	用电设备或场合名称			负荷级别
8	办公建筑	其他办公建筑	三类办公建筑	包括客梯、主要办公室、会议室、总值班室、档案室及主要通道照明及消防用电负荷、生活泵等	三级
		除一、二级负荷以外的用电设备及部位			三级
9	旅馆建筑	一、二级（包含四星级及四星级以上宾馆饭店）	经营及设备管理用计算机系统的电源		一级（特）
			电子计算机、电话、电声及录像设备电源，新闻摄影电源，地下室污水泵、雨水泵，主要客梯、宴会厅、餐厅、康乐设施、门厅及高级客房、主要通道等场所的照明用电		一级
			其余如普通客房照明、厨房用电等负荷		二级
		三级	相应项目的负荷等级比一、二级旅馆低一级		二级
		四至六级			三级
10	商店建筑	大型	经营管理用计算机系统电源		一级（特）
			营业厅、门厅、主要通道的照明、事故照明		一级
			自动扶梯、客梯、空调设备		二级
		中型	营业厅、门厅、主要通道的照明、事故照明、客梯		二级
		其他	大中型商店的其余负荷及小型商店的全部负责		三级
		高层建筑附设商店负荷等级同其最高负荷等级			
11	医疗建筑（县级或二级以上）	急诊部的所有用房；监护病房、产房、婴儿室、血液病房的净化室、血液透析室、病理切片分析、磁共振、手术部、CT扫描室、高压氧仓、加速器机房、治疗室、血库、配血室的电力照明，以及培养箱、冰箱、恒温箱和其他必须持续供电的精密医疗装备；走道照明；重要手术室空调			一级
		电子显微镜、X光机电源、高级病房、肢体伤残康复病房照明、一般手术室空调、客梯电力			二级
12	科研院所高等院校	重要实验室电源，如生物制品、培养剂用电等			一级
		高层教学楼客梯、主要通道照明			二级
13	民用机场	航空管制、导航、通信、气象、助航灯光系统设施和台站；边防、海关的安全检查设备；航班预报设备；三级以上油库、为飞机及旅客服务的办公用房			一级（特）
		候机楼、外航驻机场办事处、机场宾馆及旅客过夜房、站坪照明、站坪机务用电			一级

续表

序号	用电单位	用电设备或场合名称		负荷级别
14	铁路客运站（火车站）	最高聚集人数不少于 4000 人的旅客车站和国境站用电	包括旅客站房、站台、天桥及地道等的用电负荷	一级
		最高聚集人数不少于 4000 人的大型站和中型站用电		二级
		小型站的用电负荷		三级
15	港口客运站	通信、导航设施用电负荷		一级
		港口重要作业区，一、二级站的用电负荷		二级
16	汽车客运站	一、二级站用电负荷		二级
		四级站用电负荷		三级
17	图书馆	藏书量超过 100 万册的图书馆的主要用电设备		≥二级
		其他图书馆的用电负荷等级		≥三级

注 1. 我国的用电负荷只有一级、二级、三级共三个负荷等级。

　　2. "一级（特）"表示在一级负荷中的特别重要负荷，该级别也属于一级负荷，要注意不能将其与一级、二级、三级负荷并列为第四种负荷级别。

3.1.4 供电要求

在建筑电气系统中，不同级别的负荷其供电要求不相同，本节分别介绍一级负荷、二级负荷、三级负荷的供电要求。

1. 一级负荷的供电要求

（1）一级负荷应该由两个彼此独立、互不影响的电源供电，当一个电源发生故障时，另外一个电源应不会同时受到损坏。

（2）一级负荷容量较大或者有高压用电设备时，应该采用两路高压电源。

（3）假如一级负荷容量不大时，应该优先采用从电力系统或邻近单位取得第二低压电源，也可采用应急发电机组。

（4）假如一级负荷仅为照明或电话站负荷时，可以采用蓄电池作为备用电源。

（5）对于一级负荷中特别重要的用电负荷，除了有两个电源供电外，还必须增设备用发电机组等应急电源。

（6）为了保证对特别重要负荷的供电，严禁将其他负荷接入应急供电系统。

2. 二级负荷的供电要求

（1）二级负荷应该采用双回路，即两条（一备一用）彼此独立的线路来供电。

（2）当负荷较小或地区供电条件困难时，即条件不允许双回路供电时，二级负荷可以由一路 6kV 及其以上的专用架空线供电。

（3）双电源或双回路供电，在最末一级配电装置内自动切换。

（4）双电源或双回路供电到适当的配电点自动互投后用专线送到用电设备或其控制装置上。

（5）由变电所引出可靠的专用单回路供电。

（6）应急照明等分散的小容量负荷，可以采用一路市电加 EPS 或用一路电源与设备自带的蓄（干）电池（组）在设备处自动切换。

3. 三级负荷的供电要求

三级负荷供电时一般采用单回路供电，但是应该尽量使配电系统简洁可靠，尽量减少配电级数，不宜超过四级为佳，在技术经济比较合理的前提下尽量减少或减小电压偏差和电压波动。

在民用建筑中，一般把重要的医院、大型商场、体育馆、影剧院、重要的宾馆，以及电信、电视中心、计算中心列为一级负荷，其他的大多数民用建筑都属于三级负荷。

3.2 认识变配电工程的电气设备

本节介绍各类变配电工程的电气设备，如变配电系统二次设备、高压电气设备与低压电气设备。

3.2.1 变配电系统二次设备

负责检测、控制、保护一次设备的电路称为二次电路或者二次系统。二次电路中的电气设备（例如测量仪表）继电器等称为二次设备。本节介绍常见的各类型的二次设备。

1. 继电器

继电器是一种自动控制电器，它根据输入的一种特定的信号达到某一预定值时而自动动作、接通或断开所控制的回路。这种特定信号可以是电源、电压、温度、压力和时间等。

在二次接线图中，继电器的文字表达方式由基本符号和辅助符号组成，其中 K 表示继电器，其后缀辅助符号用来表示继电器的功能。

2. 转换开关

转换开关又称为控制开关，最常用的型号为 LW 型。转换开关由多对触点通过旋转接触接通每对触头，多用在二次回路中断路器的操作、不同控制回路的切换。电压表的换相测量以及小型三相电动机启动切换变速开关。

3. 按钮和辅助开关

按钮在二次回路中起到指令输入的作用，具有复位功能。按钮按下后回路接头，按钮放开表示回路断开。

辅助开关在主开关带动下同步动作，能够表示出主开关的状态。辅助开关的容量一般都很低，在二次回路中作为联锁、自锁及信号控制等，标准的文字符号与主控开关相同。

4. 信号设备

信号设备分为灯光信号和音响信号。灯光信号有信号灯、光字牌等，一般用在系统正常工作时表示开关的通断状态、电源指示等场合。

音响信号包括电铃、电喇叭以及蜂鸣器等，用在系统设备故障或生产工艺发生异常情况下接通，目的是提醒值班人员和操作人员的注意，并和事故指示等配合，立即判断发生故障的设备及故障的性质。

指挥信号主要用于不同工作地点之间指挥和联络，通常采用灯光显示的光字牌和音响设备等。

5. 互感器

互感器有两类，一类是电压互感器，其二次额定电压为 100V。另一类为电流互感器，其二次额定电流为 5A 或 1A。

其实互感器就是一种小型特殊的变压器，其一次绕组接在主回路中，而二次绕组与电气设备及继电器相连接。电压互感器的二次绕组与高阻抗仪表、继电器线圈相并联。电流互感器的二次绕组与低阻抗仪表、继电器线圈相串联。其一次绕组属于一次设备、二次绕组属于二次设备，分别布置在电气系统图中和二次连接图中。

6. 电工仪表

电工仪表种类较多，有电流表、电压表、功率表、频率表、有功电能表、有功功率表以及相位表等。在二次回路中，经常将仪表的用途表述在圆圈内或者方框内，并且在旁边标定相应的量程。

7. 熔断器

熔断器用于二次回路切除短路故障，并作为二次回路检修和调试时切断交、直流电源，用 RD 表示。

8. 接线端子

接线端子的作用是作为配电屏、控制屏等屏内设备之间和屏外设备之间连接的中转点。许多接线端子组合在一起形成端子排。

3.2.2 高压电气设备

按照电压等级为标准对电气设备进行划分，额定电压大于 1kV 的为高压电气设备，本节介绍各类常见的高压电气设备。

1. 电力变压器

电气变压器（T）是变电所的核心设备，通过它将一种电压的交流电能转换成另一种电压的交流电能，以满足输电或者用电的需要。

（1）油浸式电力变压器。油浸式电力变压器的绕组和贴心是浸泡在变压器油中的，用油作介质散热和绝缘。

（2）干式电力变压器。干式电力变压器的绕组和铁心是置于气体（即空气或者六氟化硫气体）中的，为了使铁心和绕组结构更稳固，常用环氧树脂浇注。一般用于防火要求比较高的场所，建筑物内的变配电所要求使用干式电力变压器。

2. 高压断路器

断路器（QF）是带有强有力灭弧装置的高压开关设备，是变配电所用以通断电路的重要设备，能够可靠的接通或切断正常负载电路和故障电路。

在正常供电时利用它来通断负荷电流，当供电系统发生短路故障时，借助于继电保护及自动装置的配合可以快速切断很大的短路电流，防止事故扩大，保证系统安全运行。

3. 高压负荷开关

负荷开关（QL）是介于隔离开关与高压断路器之间的开关电器。在结构上与隔离开关相似，但是具有较简答的灭弧装置，能够断开相应的负荷电流，但是不具有切断短路电流的能力。所以在通常情况下，负荷开关应该与高压熔断器配合使用，切断短路电流的任务由熔断器来承担。

4. 高压熔断器

高压熔断器（FU）分为室内型和室外型两类。

（1）室内型高压管式熔断器。高压管式熔断器是一种简单的保护电器。当电路发生过负荷或短路故障时，故障电路超过熔体的额定电流，熔体被电流迅速加热熔断，从而切断电路，防止故障扩大。

（2）室外跌落式熔断器。跌落式熔断器是一种最简便、价格低廉、性能良好的室外线路开关保护设备，既可以用于配电线路和变压器的短路保护，也可以在一定条件下切断或者接通小容量空载变压器或线路。

在线路发生故障时，故障电流使熔体迅速熔断并产生电弧。电弧的高温使灭弧管壁分解出大量气体，并使管内压力剧增，高压气体沿管道纵向强烈喷出，形成纵向吹弧，电弧迅速熄灭。与此同时，在熔体熔断后，熔管下端动触头失去张力而下翻，紧锁机构释放，在触点弹力和熔管自身的重力作用下，绕轴跌落造成明显的断路间隙。

5. 高压隔离开关

隔离开关的功能主要是用来隔离电源，将需要检修的设备与电源可靠地断开。在结构上，其特点是断开后有明显的可见断开间隙，因此隔离开关的触点是暴露在空气中的。

隔离开关按照安装地点可以分为户内型和户外型两类。

6. 高压避雷器

高压避雷器是用来保护高压输电线路和电气设备免遭雷电过电压的损害。避雷器一般在电源侧与被保护设备并联，当线路上出现雷电过电压时，避雷器的火花间隙被击穿或高阻变为低阻，对地放电，从而保护了输电线路和电气设备。

目前应用于高压供配电系统的避雷器与管型避雷器、阀型避雷器和金属氧化物避雷器等。

7. 高压开关柜

高压开关柜是由制造厂按一定的接线方案要求将开关电器、母线（汇流排）、测量仪表、保护继电器及辅助装置等，组装在封闭的金属柜中的成套式配电装置。

这种装置结构紧凑，方便操作，有利于控制和保护变压器、高压线路及高压用电设备。高压开关柜的类型有固定式高压开关柜、移开式（手车式）高压开关柜、环网高压开关柜。

3.2.3　低压电气设备

低压电气设备是指电压在 500V 以下的各种控制设备、各种继电器及各种保护设备等。在建筑电气工程中，常见的低压电气设备有断路器、熔断器、刀开关、接触器、电磁启动器和各种继电器等。

1. 低压断路器

低压断路器用作交流、直流线路的过载、短路或欠电压保护，作为控制开关被广泛的应用于建筑照明、动力配电线路、用电设备中，也可以用于不频繁启动电动机以及操作或转换电路中。

2. 熔断器

熔断器由熔断管、熔体和插座三部分组成。当电流超过规定值并经过足够时间后，熔体熔化，把所接入的电路断开，对电路和设备起短路或者过载保护。

熔断器的种类有螺旋式熔断器、管式熔断器（或称为无填料封闭管式熔断器）、有填料封闭管式熔断器、快速熔断器和瓷插式熔断器等。

3. 低压隔离开关

因为刀开关没有任何防护，因此一般只能安装在低压配电柜中使用，主要用于隔离电源和分断交直流电路。刀开关按闸刀的投放位置分为单投刀开关和双投刀开关，按操作手柄的位置分为正面操作和侧面操作两种。常用的刀开关是 HD 系列单投刀开关。

4. 交流接触器

交流接触器适合用来控制频繁操作的电气设备，可以用按钮操作，做远距离分合电动机或电容器等负载的控制电器，还可以做电动机的正反转控制。自身具备灭弧罩，可以带负载分合电路，动作迅速，安全可靠。

5. 漏电保护器

漏电保护器目前应用最多的主要是电流动作型，根据保护功能的不同，可以分为漏电（保护）开关、漏电断路器、漏电继电器和漏电保护插座。

漏电保护开关主要由零序电流互感器、漏电脱扣器、主开关等组成，具有漏电保护及手动分断电路的功能，但是不具备过载保护和短路保护功能。漏电断路器除了具备漏电保护的功能外，增加了过载保护和短路保护功能。漏电继电器主要用于发出信号，控制断路器、接触器等设备，具有检测和判断功能。

6. 热继电器

热继电器主要与接触器配合使用，用于电动机的过载保护、断相和电流不平衡运行的保护以及其他电气设备过电流状态的保护。

使用热继电器来保护长期工作制或间断长期工作制的电动机时，其额定电流按 0.95～1.05 倍的电动机额定电流来选择，假如保护反复短时工作制的电动机时，热继电器的保护范围是一定的，假如操作次数较多时，最好选用带超速保护电流互感器的热继电器；对于正反转和分析频繁的特殊电动机，不应该选择热继电器作为保护，而应该选择埋入电动机绕组的温度继电器或热敏电阻来保护。

7. 启动器

启动器主要用于电动机的启动，保证电动机有足够的启动转距，缩短电动机的启动时间，同时还可以限制电动机的启动电流，防止电压因电动机的启动时间过长和启动电流的过大而下降，影响系统中其他设备的正常运行。

启动器一般选用熔断器作为短路保护器，熔断器安装在启动器的电源侧。熔断器只分断安装地点的短路电流，不代替启动器分断正常工作时的负载电流和最大负载电流。

3.3　变配电系统主接线图识读实例

本节介绍变配电系统主接线图的识读方式，首先介绍各类变配电系统的接线方式，再讲解各类变配电系统图的识读步骤。

3.3.1 认识变配电系统接线方式

总变配电所从市政接入电压一般为 6~10kV，输出电压为三相 0.4kV 或者单相 0.24kV。根据负荷重要性类型，电源进线一般采用一回路或二回路。民用建筑中高压侧供电线路主要有无母线的线路、单母线制和单母线分段制线路。

1. 单母线不分段接线

在主接线中，单母线不分段接线是最简单的接线方式，使用元件少，方便扩建和使用成套的设备。它的每条引入线和引出线路中都安装有隔离开关及断路器，接线图的绘制结果如图 3-2 所示。

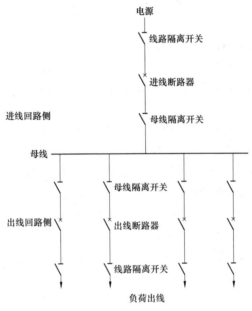

图 3-2　单母线不分段接线

2. 单母线分段接线

单母线分段接线的可靠性较高，当某一段母线发生故障时，可以分段检修。

如图 3-3 所示为单母线分段接线示意图，如图中所示，在每一段母线上接一个或者两个电源，并在母线中间用隔离开关和负荷开关分段。负荷回路分接到各段母线上。

3. 带有旁路母线的单母线

检修单母线接线引出线的负荷开关时，该路用户必须停电，为此，可以采用单母线加旁路母线代替引出线的负荷开关继续给用户供电。

如图 3-4 所示为带旁路母线的单母线接线示意图。

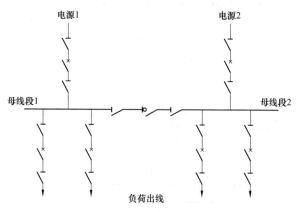

图 3-3　单母线分段接线

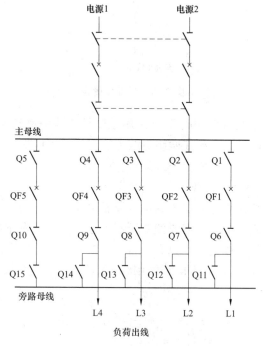

图 3-4　带有旁路母线的单母线接线

4. 双母线接线

如图 3-5 所示为绘制完成的不分段双母线接线示意图。其中，B1 为工作母线，B2 为备用母线，连接在备用母线上的所有的母线隔离开关都是断开的。每条进出线均经过一个断路器和两个隔离开关分别接到双母线上。

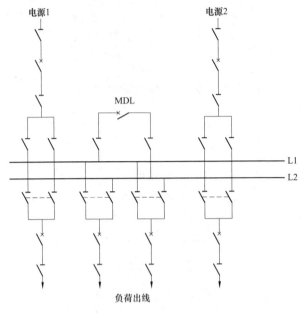

图 3-5　双母线接线

　　双母线的两组母线可以同时工作，并通过母线联络断路器（母联开关）并联运行，电源与负荷平均分配在两组母线上。对母线继电保护时，要求将某一回路固定与某一母线联结，以固定方式运行。

　　5. 线路—变压器单元接线

　　这种接线方式的优点是接线最简单，设备最少，不需要高压配电设备。缺点是在线路发生故障或检修时，需要使变压器停运，变压器发生故障或检修时，需要使线路停用。这种接线适合于只有一台变压器和单回路供电。

　　如图 3-6 所示为线路—变压器单元接线示意图的绘制结果。

图 3-6　线路—变压器单元接线

　　6. 桥式接线

　　高压用户假如采用双回路高压电源进线，有两台电力变压器母线的联接时要采用桥式接线。它是联接两台变压器组的高压侧，呈桥状联接，因此称为桥式接线。根据联接位置的不同，可以分为两种联接方式，即内桥接线（图3-7）和外桥接线（图3-8）。

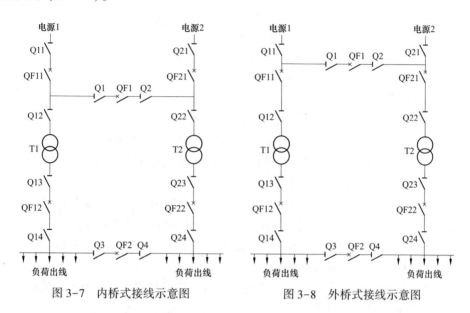

图3-7 内桥式接线示意图   图3-8 外桥式接线示意图

3.3.2 识读变配电系统主接线图

变配电所的任务是汇集电能和分配电能，除此之外，变电所还需要对电能电压进行变换。变配电常用的主电路接线方式由无母线主接线（包括线路—变压器组接线、桥形接线、多角形接线）、单母线主接线（单母线无分段接线、单母线分段接线、单母线分段带旁路母线接线）、双母线主接线（双母线无分段接线、双母线分段接线、三分之二断路器双母线接线、双母线分段带旁路母线接线）。

1. 线路—变压器接线

在只有一路电源和一台变压器的情况下，主电路的接线方式可以采用线路—变压器式。其中根据变压器和高压侧所采用的开关器件不同，接线方式又可以有以下的种类。

（1）一次侧采用断路器和隔离开关接线方式。采用一次侧电源进线和一台变压器的接线方式时，通过闭合断路器 QF1 来切断负荷或者故障电流，闭合隔离开关 QS1 来隔离电源。在将断路器 QF1 与隔离开关 QS1 分别闭合后，线路中的电源被切断，工作人员得以安全检修变压器或断路器等设备。

在电源进线的线路隔离开关 QS1 上设置带有接地刀闸 QS_D，其目的是为了在检修线路时可以通过接地刀闸 QS_D 将线路与地短连接。

如图 3-9 所示为一次侧采用断路器和隔离开关接线方式示意图。

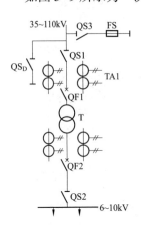

图 3-9 一次侧采用断路器和隔离开关

（2）一次侧采用隔离开关接线方式。在一次侧采用隔离开关接线方式中，在满足以下几个条件时，变压器高压侧可以不设置断路器。

1）电源由区域变电所专线供电。

2）线路长度为 2~3km。

3）变压器容量不大。

4）系统短路容量较小。

满足以上条件时，变压器高压侧可以仅设置隔离开关 QS1，并由电源侧出线上的断路器 QF1 承担对变压器及其线路的保护。

切除变压器的操作步骤为，首先切除负荷侧的断路器 QF2，然后切除一次侧的隔离开关 QS1。

投入变压器的操作步骤为，先合上一次侧的隔离开关 QS1，然后合上二次侧断路器 QF2。

在使用线路隔离开关 QS1 对空载变压器进行切除与投入时，对变压器的容量有一定的要求，如下所述。

1）变压器的电压为 35kV 时，容量要限制在 1000kVA 以内。

2）变压器的电压为 110kV 时，容量要限制在 3200kVA 以内。

如图 3-10 所示为一次侧采用隔离开关接线方式示意图。

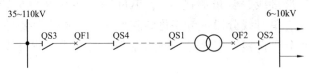

图 3-10 一次侧采用隔离开关

（3）双电源变压器接线方式。在双电源变压器接线方式中，需要采用两台变压器，且变压器的电源分别由两个独立电源供电。在二次侧母线设置自投装置，目的是提高供电的可靠性。

二次侧的运行方式有两种，一种是并联运行，另一种是分列运行。

出线为二级、三级负荷，仅有 1~2 台变压器的单电源或者双电源进线的供电时适合选用该种接线方式。

双电源变压器接线方式示意图如图 3-11 所示。

2. 桥形接线

桥形接线是指在两路电源进线之间跨接一个断路器，有两种接线方式，分别

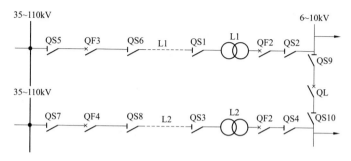

图 3-11 双电源变压器接线

是内桥形接线盒外桥形接线。内桥形接线是将断路器跨接在进线断路器的内侧，即靠近变压器，如图 3-12 所示。外桥形接线是将断路器跨接在进线断路器的外侧，即靠近电源进线侧，如图 3-13 所示。

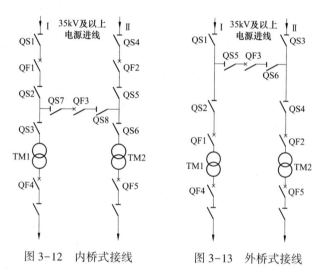

图 3-12 内桥式接线   图 3-13 外桥式接线

在供配电线路中，断路器 QS 和隔离器 QF 都可以接通或者切断电源。但是断路器带有灭弧装置，可以在带负荷的情况下接通和切断电源，而隔离开关则通常没有灭弧装置，不能带负荷或只能带轻负荷接通和切断电路。此外，断路器具有过电压和过电流跳闸保护功能，隔离开关通常没有这个功能。

假如将断路器和隔离开关串接使用，在接通电源时，需要先闭合断路器两侧的隔离开关，再闭合断路器。在断开电源时，需要先断开断路器，再断开两侧的隔离开关。

（1）内桥式接线。识读内桥式接线图的步骤如下所述。

1）如图 3-12 所示，跨接断路器接在进线断路器的内侧，即靠近变压器。

Ⅰ、Ⅱ线路来自两个独立的电源，线路Ⅰ经过隔离开关 QS1、断路器 QF1、隔离开关 QS2 和 QS3 接到变压器 TM1 的高压侧。

2）线路Ⅱ经过隔离开关 QS4、断路器 QF2、隔离开关 QS5、QS6 接到变压器 TM2 的高压侧。

3）Ⅰ、Ⅱ线路之间通过隔离开关 QS7、断路器 QF3、隔离开关 QS8 跨接起来。

4）线路Ⅰ的电能可以通过跨接电路供给变压器 TM2。

5）相同的，线路Ⅱ的电能也可以通过跨接电路供给变压器 TM2。

内桥式连接线路在使用时的相关注意事项如下所述。

a. 线路Ⅰ、Ⅱ可以并行运行，在运行时需要将跨接的 QS7、QF3、QS8 闭合；也可单独运行，但是跨接地断路器 QF3 需要断开。

b. 假如线路Ⅰ出现故障，在检修时需要先断开断路器 QF1，接着依次断开隔离开关 QS1、QS2，将线路Ⅰ隔离的目的是为保证线路Ⅰ断开后变压器 TM1 仍然有供电。

c. 此时应该将跨接电路的隔离开关 QS7、QS8 闭合，接着闭合断路器 QF3，将线路Ⅱ的电源引到变压器 TM1 高压侧。

d. 假如需要切断电源以对 TM1 进行检修，不能直接断开隔离开关 QS3，应该先断开断路器 QF1 和 QF3，再断开 QS3，接着闭合断路器 QF1 和 QF3，使线路Ⅰ也为变压器 TM2 供电。

内桥式接线的优点是在接通、断开供电线路的操作时比较方便，缺点是在将接通、断开变压器的操作时较为麻烦。因此内桥式接线一般用于供电线路长（因此故障几率高）、负荷较为平稳及主变压器不需要频繁操作的场合。

（2）外桥式接线。外桥式接线图的识读步骤如下所述。

1）图 3-13 为外桥式接线图，跨接断路器接在进线断路器的外侧，即靠近电源进线侧。

2）假如需要切断供电对变压器 TM1 进线检修时，需要先断开断路器 QF1，再断开隔离开关 QS2 即可。

3）在检修线路Ⅰ时，应该先断开断路器 QF1、QF3，切断隔离开关 QS1 的负荷，接着断开 QS1 来切断线路Ⅱ，接着接通 QF1、QF3，使线路Ⅱ通过跨接电路为变压器 TM1 供电。

外桥形接线方式的优点是在接通、断开变压器的操作方面比较方便，缺点是在接通供电线路的操作方面较为麻烦。因此外桥形接线一般用于供电线路短（因此故障几率低）、用户负荷变化大和主变压器需要频繁操作的场合。

3.3.3　识读高压配电所电气主接线图

如图 3-14 所示为高压配电所电气主接线图的绘制结果。以下介绍其识读步骤。

（1）主接线形式。如图 3-14 所示，中间线段为母线，母线右上角的文字标注表示该高压配电所为 6kV 高压配电所。在母线的上方，有 WL1、WL2 两回进线。在母线的下方，有六回出线，分别向"办公楼"、"铸造车间"、"电容器室"、"焊接车间"、"装配车间"输送电源。

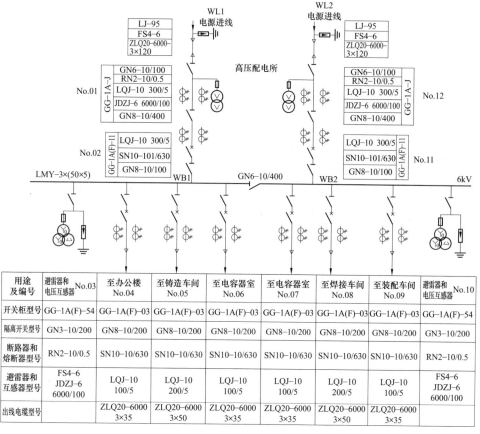

图 3-14　高压配电所电气主接线图

查看接线图下方的表格，在"开关柜型号"表行中显示系统均采用了 GG-1A（F）型高压开关柜。主接线的形式为单母线分段，采用隔离开关来分段，其型号为 GN6-10/400，通过识读母线上的标注文字可以得知。母线的型号为 LMY-3×（50×5），标注于母线的左上角。

（2）电源进线。WL1电源进线的型号标注于线路一侧的矩形框内，为LJ-95铝绞线架空线路。WL2为ZLQ20-6000-3×120电缆线路。WL1和WL2线路互为备用线路，即在其中一回线路出现故障、检修情况时，可以通过启用另一线路来保证系统的运行。

（3）高压开关柜。表格中的"开关柜型号"表列中标明高压开关柜的型号均为GG-1A（F）型，通过不同的编号进行区分，如No.01、No.02等。

如电源进线WL1的开关柜型号为No.01、No.02。电源进线WL2的开关柜型号为No.12、No.11。其中No.01、No.12作为电源进线专用的电能计量柜，型号为GG-1A-J，标注于矩形框的一侧，是用来连接计费电能表的专用电压互感器、电流互感器柜。

No.02、No.11作为电源进线柜，型号为GG-1A（F）-11，标注于矩形框的一侧，内部设有隔离开关、断路器及控制、保护、测量、信号灯二次设备。

在接线图下方表格中的"用途及编号"表行中标示了高压开关柜的编号，分别从No.03～No.10。

其中No.03、No.10为避雷器和电压互感器的高压开关柜编号，型号为GG-1A（F）-54，装有JDZJ-6、6000/100V，Y0/Y0/△电压互感器和FS4-6避雷器。

其中，FS4-6避雷器的作用是为了防止电源进线端因受到雷电侵入波余波的影响，对母线侧电气设备造成损坏。

No.04～No.09为出线柜，型号为GG-1A（F）-03。电源出线与表格中的"至办公楼"、"至铸造车间"等表列相连，表示通过出线分别将电源输送至办公楼、铸造车间、焊接车间、装配车间以及两回高压电容器回路。电源出线均为电缆引出线。各出线柜中除了安装有隔离开关、断路器、两相式电流互感器外，也安装有各种类型的二次回路，如控制、测量、保护、指示等。

高压电容器由两端母线同时供电，分别设置在六回出线的两侧，作用是进行无功补偿，提高整个配电所功率因数。

仅绘制元件以及装置连接关系但不标示具体安装位置的主电路图，被称为系统式电气主接线图，如图3-14所示。为方便订货及安装，还应该另外绘制高低压配电装置的订货图，并需要具体表达出柜、屏的相互位置，此外，柜内、屏内的所有一、二次电气设备也要详细表示。

3.4　变配电所电气工程图识读实例

本节介绍变配电所电气工程图的识读方式，首先介绍变配电所的结构布置，接着分别讲解变配电所平面图以及剖面图的识读步骤。

3.4.1 变配电所的结构布置

变配电所主要由高压配电室、变压器室、低压配电室、电容器室、值班室等组成。变配电所的具体布置应该结合建筑物或建筑群的条件和需要，灵活安排。

1. 变压器室

（1）露天或者半露天变电所的变压器四周应该设置不低于1.7m高的固定围栏或围墙。变压器外廓与围栏（围墙）的净距不应该小于0.8m，变压器底部距地面高度不应小于0.3m，相邻变压器外廓之间的净距不应该小于1.5m。

（2）当露天或者半露天变压器供给一级负荷用电时，相邻的可燃油油浸变压器的防火净距不应该小于5m，假如小于5m时，应该设置防火墙。防火墙应该高出油枕顶部，而且两端都应该超出挡油设施0.5m。

（3）变压器室的最小尺寸应该根据变压器的外廓与变压器墙壁和门的最小允许净距来决定。对于设置于屋内的干式变压器，其外廓与四周墙壁的净距不应该小于0.6m，干式变压器之间的距离不应该小于1.0m，并应该满足巡视维修的要求。

（4）设置于变电所内的非封闭式干式变压器，应装设高度不低于1.7m的固定金属网状遮拦。遮拦网孔不应该大于40mm×40mm。变压器的外廓与遮拦的净距不宜小于0.6m，变压器之间的净距不应该小于1.0m。

（5）当采用油浸式变压器时，变压器下方应该设置油池。

（6）变配电所外墙通风口应该设置防鼠、防虫铁丝网。变压器外廓与变压器室墙壁和门的最小净距见表3-2。

表 3-2　　　　　　　　　　　　　　最小净距　　　　　　　　　　　　　　mm

项　　目	变压器容量/kVA	
	100~1000	1250 以上
可燃油油浸变压器外轮廓与后壁、侧壁净距	600	800
可燃油油浸变压器外轮廓与门净距	800	1000
干式变压器带有 IP2X 及其以上防护等级金属外壳与后壁、侧壁净距	600	800
干式变压器有金属网状遮拦与后壁、侧壁净距	600	800
干式变压器带有 IP2X 及其以上防护等级金属外壳与门净距	800	1000
干式变压器有金属网状遮拦与门净距	800	1000

2. 值班室

有人值班的变配电所应该设置单独的值班室。当有低压配电装置室时，值班室可以与低压配电室合并，值班人员在经常工作的一面或一端。

3. 电容器室

电容器室内维护通道最小宽度见表 3-3。

表 3-3 最小宽度 mm

电容器布置方式	单列布置	双列布置
装配式电容器组	1300	1500
成套高压电容器柜	1500	2000

4. 其他布置要点

独立变电所宜单层布置，当采用双层布置时，变压器应设在底层，设在二层的配电装置应有吊运设备的吊装孔或者吊装平台。吊装平台门或吊装孔的尺寸，应该能满足最大设备的需要，吊钩与吊装孔的垂直距离应该满足吊装设备的需要。

5. 变配电所的线路布置

（1）电源进线可以分为地下进线和地上进线。其中，地下进线一般采用铠装铜芯电缆埋地转钢管敷设，电缆的金属铠装保护层接避雷器接地保护；地上进线采用单芯电缆在靠近变压器处离地 2300mm 及以上位置穿墙进入，进线处设担杆瓷瓶承受拉力。电源进线开关宜采用断路器或者负荷开关。

（2）电缆沟变配电所中各高压开关柜、变压器、低压柜、补偿电容器柜等设备间的连接线，一般设置在变配电所的室内电缆沟中。

3.4.2 识读变配电所平面图

如图 3-15 所示为公寓变配电所平面图的绘制结果，本节介绍其识读过程。

（1）由图 3-15 可知，变配电所内由变压器室、低压室、高压室、操作室、值班室这几个区域组成。

（2）其中，变压器室的左侧为过道，右侧为低压室，下方为操作室。变压器室内有四台变压器，由变压器向低压配电屏采用封闭母线配电。封闭母线与地面的高度不得低于 2.5m。

（3）低压室的左侧为变压室，右侧为过道。低压配电屏采用匚型布置。低压配电屏内包括无功补偿屏，此系统的无功补偿在低压侧进行。

（4）高压室在过道的右侧，值班室的上方。高压室内共有十二台高压配电柜，采用两路 10kV 电缆进线，电源为两路独立电源，每一路分别供给两台变压器供电。

（5）在高压室侧壁预留孔洞，值班室与高压室、低压室紧邻，设置双扇平开门连接，以方便维护与检修设备。此外，操作室内还设有操作屏。

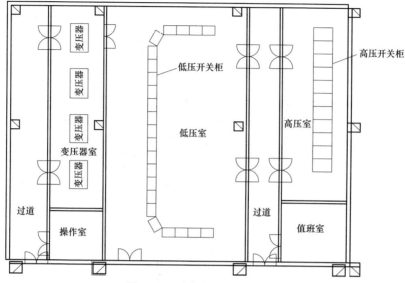

图 3-15　公寓变配电所平面图

3.4.3　识读变配电所剖面图

如图 3-16～图 3-19 所示为变配电所高压配电柜、低压配电柜的立/剖面图。在图中表示了配电柜下柜后电缆沟的做法。

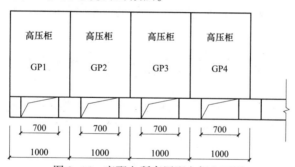

图 3-16　变配电所高压配电柜立面图

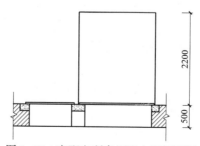

图 3-17　变配电所高压配电室剖面图

49

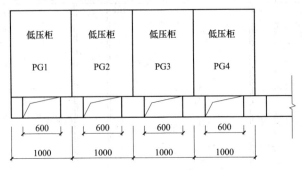

图 3-18　变配电所低压配电柜立面图

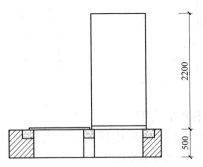

图 3-19　变配电所低压配电柜剖面图

3.5　识读变配电系统二次电路图实例

二次电路图用来反映变配电系统中二次设备的继电保护、电气测量、信号报警、控制及操作等系统工作原理的图样。本节介绍二次电路图的相关知识及识读方法。

3.5.1　认识二次原理图

二次电路图的绘制方法一般有集中表示法和展开表示法两种。

使用集中表示法绘制的原理图，仪表、继电器、开关等在图中以整体绘制，各个回路（电流回路、电压回路信号回路等）都综合绘制在一起，使得读图者对整个装置的构成有一个明确的整体概念。

使用展开表示法来绘制时是将整套装置中的各个环节（电压环节、电流环节、保护环节、信号环节等）分开表示，独立绘制，仪表、继电器等的触点、线圈分别画在各个所属的环节中，同时在每个环节旁标注功能、特征和作用等。

1. 集中式（整体式）原理图的绘制

如图 3-20 所示为采用集中式表示法来绘制的定时限过电流保护原理图，原理图中电器的各个元件都是集中绘制的。

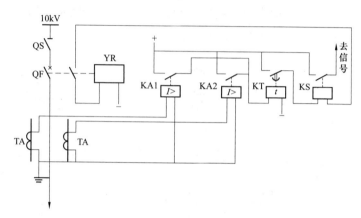

图 3-20 集中式原理图的绘制

集中式原理图的绘制特点如下所述。

（1）集中式原理图以器件、元件为中心绘制，图中的器件、元件都以集中的形式来表示，设备与元件之间的连接关系比较形象直观，易使观者对二次系统有一个较为整体的了解。

（2）为方便使用二次线路对一次线路的测量、监视和保护功能进行说明，在绘制二次线路图时要将有关的一次线路、一次设备绘出。此外，为了对一次线路与二次线路进行区别，通常使用粗实线绘制一次线路，使用细实线绘制二次线路。

（3）在原理图中，所有的器件和元件都用统一的图形符号来表示，并标注统一的文字符号说明。所有电器的触点都以原始状态绘出，即电器都处于不带电、不激励、不工作状态。例如继电器的线圈不通电，铁芯未吸合，手动开关未断开，操作手柄置零位。

（4）为了方便表示二次系统的工作原理，使用集中式绘制原理图时没有二次元件的内部接线图，引出线的编号和接线端子的编号也可以省略；控制电源仅标出"+、-"极性，没有具体表示从何引来。这种原理图不具备完整的使用功能，不能按这样的图去接线、查线，特别是对于复杂的二次系统，设备、元件的连接线很多，采用集中式来表示会对绘图及读图都较为困难。所以较少采用集中表示法来绘制二次原理图，而是较多的采用展开法来绘制。

2. 展开式原理图的绘制

如图 3-21 所示为采用展开式表示法来绘制定时限过电流保护原理图的结果。在原理图中,将各电器的各个元件按分开式方法表示,每个元件分别绘制在所属电路中,并可按回路的作用、电压性质及高低等组成各个回路,如交流回路、直流回路、跳闸回路、信号回路等。

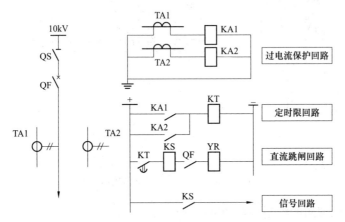

图 3-21　展开式原理图的绘制

采用展开式法绘制的原理图,一般按动作顺序从上到下水平布置,并在线路旁注明功能、作用,使线路清晰、方便识读。

展开式原理图的绘制特点如下所述。

(1) 采用展开式法绘制原理图,一般以回路为中心,同一电器的各个元件按作用分别绘制在不同的回路中。如图中电流继电器 KA 的线圈串联在电流回路中,其触点绘制在时间继电器回路中。

(2) 同一个电器的各个元件应标注同一个文字符号,对于同一个电器的各个触点也可以用数字来区分,例如 KM1、KM2 等。

(3) 在原理图中按不同的功能、作用、电压高低等划分为各个独立回路,并在每个回路的右侧标注简单的文字说明,说明内容为各个电路及主要元件的功能及作用等。

(4) 线路可以按动作顺序从上到下、从左到右平行排列。线路可以编号,用数字或文字符号加数字表示,变配电系统中线路使用专用数字符号来表示。

3.5.2　认识变配电室供电电源的电压要求

变配电工程供电电源的电压要求如下所述。

1. 根据建筑物来确定供电电源

在确定供电电源时,应该结合考虑建筑物的负荷级别、用电容量、用电单位的电源情况和电力系统的供电情况等因素，保证满足供电可靠性和经济合理性的要求。

2. 两个电源供电

为了保证正常供电，一级负荷应该由两个电源供电，而且当其中一个电源发生故障时另一电源应该不至于受到破坏。在一级负荷容量较大或有高压用电设备时应采用两路高压电源，假如一级负荷容量不大时，应该优先采用从电力系统或临近单位取得第二低压电源，也可以采用应急发电机组。当一级负荷仅为照明或电话站负荷时，宜采用蓄电池作为备用电源。

3. 设置应急电源

一级负荷中特别重要的负荷，除了由两个电源供电外，还应该增设应急电源，严禁将其他负荷接入应急供电系统。应急电源可以是独立于正常电源的发电机组、供电网络中有效地独立于正常电源地专门馈电线路或蓄电池。

4. 二级负荷

二级负荷地供电系统应做到当发生电力变压器故障或线路常见故障时，不致中断供电或中断后能迅速恢复供电。有条件时应该由两回线路供电，在负荷较小或地区供电条件困难时，可以用一回 6kV 及以上专用架空线路供电。当采用电缆线路时应该由两根电缆组成电缆段，而且每段电缆应该能承受 100% 的二级负荷，并且互为热备用。

5. 同级电压

对于需要两回电源线路供电的用户，宜采用同级电压，以此提高同级电压，以提高设备地利用率。根据各级负荷的不同需要及地区供电条件，假如能满足一、二级负荷地用电要求，也可采用不同等级地电压供电。

6. 设置供电电压

用电单位地供电电压应该根据用电容量、用电设备特性、供电距离、供电线路的回路数、当地公共电网现状及其发展规划等因素，通过技术经济比较后来确定。

7. 选择供电系统

假如用户地用电设备容量在 100kW 级以下或变压器容量在 50kVA 及以下地，则可采用 220/380V 地低压供电系统。

8. 高压供电

当采用高压供电时，一般供电电压为 10kV。假如用电负荷很大，例如特大型高层建筑、超高层建筑、大型企业等，在通过技术经济比较后，可以采用 35kV 及以上的供电电压。此外，还应当于当地供电部门协商。

常用的供电方案见表 3-4。

表 3-4　　　　　　　　　　　　　常用的供电方案

项目	内容
220/380V 低压电源供电	多用于用户电力负荷较小、可靠性要求稍低，可以从邻近变电站取得足够的低压供电回路的情况
一路 10（6）kV 高压电源供电	主要用于三级负荷的用户，仅有照明或电话站等少量的一级负荷采用蓄电池组作为备用电源的情况
一路 10（6）kV 高压电源、一路 220/380V 低压电源供电	用于取得第二高压电源较困难或不经济，而且可以从邻近处取得低压电源作为备用电源的情况
两路 10（6）kV 电源供电	用于负荷容量较大、供电可靠性要求较高地，有较多一、二级负荷的用户，是最常用的供电方式之一
两路 10（6）kV 电源供电、自备发电机组备用	用于负荷容量大、供电可靠性要求高，有大量一级负荷的用户，如星级宾馆、GB 50045—1995《高层民用就爱你住设计防火规范（2005）》中规定的一类高层建筑等，也是最常用的供电方式
两路 35kV 电源供电、自备发电机组备用	用于对负荷容量特别大的用户，如大型企业、超高层建筑或高层建筑群等

3.5.3　识读交流电流测量电路图

测量交流电流常使用的仪表有电磁式电流表、数字万用表等。其中，小电流常使用直接测量法，而高压电流使用直接测量法。

1. 直接串联电路

如图 3-22 所示为直接测量交流电流电路，特点是电流表直接串联在被测电路中，这种接线方式被运用在 380V 及以下低压、几十安培以下小电流的电路中。

2. 电流互感器测量电路

如图 3-23 所示为电流互感器测量电路图，图形特点是在三相平衡线路的单相线路中安装了一只电流互感器，电流表串接在其二次侧。这种接线方式适合用于测量高电压、大电流的三相平衡电路和单相交流电路。

3. 两相式接线测量电路

如图 3-24 所示为两相电流互感器 V 形联结测量电路，较多地应用于三相平衡或者不平衡三相三线制线路中，用来线路测量和继电保护等。

图形特点是三相线路的两相 L1、L3 接入电流互感器构成 V 形联结。三只电流表串接在互感器的二次侧，与 TA1、TA2 二次侧直接连接的电流表 PA1、PA2，用来分别测量两相线路的电流。

连接在公共线路上的电流表 PA3 流过的电流是 TA1、TA2 两只电流互感器二次电流的相量和，其读数正好是未接电流互感器的 L2 相线路的二次电流。

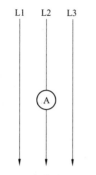

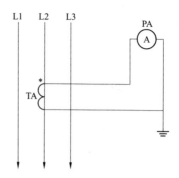

图 3-22 直接串联电路图　　图 3-23 电流互感器测量电路图

所以，通过三只电流表可以分别测量出三相的电流值。

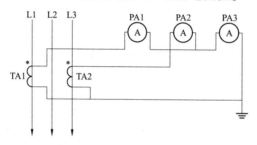

图 3-24 两相式接线测量电路

4. 三相式接线测量电路

如图 3-25 所示为三相式直接测量电路，被广泛地应用于测量三相三线制和三相四线制电路，也可以用于继电保护。其图形特点是在 L1、L2、L3 三相重各自接入一只电流互感器 TA1、TA2、TA3，电流互感器的二次侧各接有一只电流表，可以分别测量出 L1、L2、L3 相的电流。

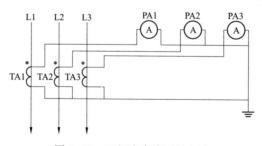

图 3-25 三相式直接测量电路

3.5.4　识读继电保护电路图

继电器保护电路的主要任务是在一次电路出现非正常情况或者故障的时候，

可以迅速地切断线路或者故障元器件，并通过信号电路及时发出报警信号。

常见的继电器保护电路种类繁多，本节介绍变压器保护电路图的识读。

变压器故障分为内部故障及外部故障。变压器内部故障主要有相间绕组短路、绕组匝间短路、单相接地短路等。在发生内部故障时，短路气流产生的热量会破坏绕组的绝缘层，绝缘层和变压器油受热会产生大量气体，可能会使得变压器发生爆炸。

变压器外部故障主要为引出线绝缘套管损坏，导致引出线相间短路和引出线与变压器外壳短路。

变压器的类型有干式变压器和油浸式变压器，油浸式变压器的绕组浸在绝缘油中，以增强散热和绝缘效果。当变压器内部绕组匝间短路或绕组相间短路时，短路电流会加热绝缘油而产生气体，气体会使变压器气体保护电路动作，发出报警信号，情况严重的还会发生断路器跳闸的情况。

如图3-26所示为变压器气体保护电路图，以下介绍其工作原理。

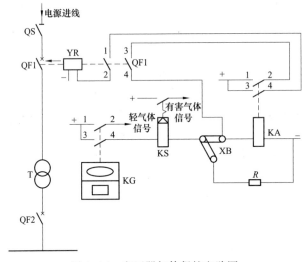

图3-26　变压器气体保护电路图

（1）在变压器出现绕组匝间短路，即轻微故障时，因为短路电流不大，因此油箱内会产生少量的气体。随着气体的增加，气体继电器KG的动合触头1、2闭合，此时电源经过该触头提供给预告信号电路，使其发出轻气体报警信号。

（2）在变压器出现绕组相间短路时，即严重故障时，短路电流很大，此时油箱内会产生大量的气体。大量油气冲击气体继电器KG，KG的动合触头3、4闭合，有电流流过信号继电器KS线圈及中间继电器KA线圈。此时KS线圈得电，KS动合触头闭合，电源经过该触头提供给事故信号电路，使其发出有害气体报警信号。

（3）KA 线圈得电使 KA 的动合触头 3、4 闭合，有电流流过跳闸线圈 YR。该电流的流经途径为：电源+→KA 的触头 3、4（闭合状态）→断路器 QF1 的动合触头 1、2（合闸时为闭合状态）→YR 线圈。YR 线圈产生磁场，通过有关机构使得断路器 QF1 跳闸，从而切断变压器的输入电源。

（4）因为气体继电器 KG 的触头 3、4 在故障油气的冲击下可能振动或者闭合的时间很短，为保证断路器准确跳闸，要利用 KA 的触头 1、2 闭合锁定 KA 的供电。

（5）此时 KA 电流的流经途径为：电源+→KA 的动合触头 1、2→QF 的辅助动合触头 3、4→KA 线圈→电源−。

（6）XB 为试验切换片，假如在对气体继电器试验时要求断路器不跳闸，可以接通 XB 与电阻 R，KG 的触头 3、4 闭合时，KS 触头闭合使信号电路发出重气体信号，因为 KA 继电器线圈不会通电，因此断路器不会跳闸。

变压器气体保护电路的优点有，电路简单且动作迅速、灵敏度较高，可以波爱护变压器油箱内各种短路故障，尤其对于绕组的匝间短路反应最为灵敏。这种保护电路通常用于变压器内部故障保护，不用于变压器外部故障保护。经常用来保护容量在 800kVA 及以上（车间变压器容量在 400kVA 及以上）的油浸式变压器。

3.5.5 二次安装接线图

二次安装接线图用来描述二次设备的全部组成和连接关系，表示电路工作的原理。在布置、安装、调试以及检修二次设备时，需要将屏面布置图、二次电缆布置图、屏背面安装接线图以及端子排接线图等图形相结合，以达到二次接线图所要求的功能，并能对实际工作进行指导。

1. 屏面布置图

屏面布置图用来表明二次设备在屏面内的具体布置，是制造厂用来制作屏面设计、开孔及安装的依据。在施工工地，使用屏面布置图来核对屏内设备的名称、用途及拆装维修等。

二次设备屏分为两种类型：一种是在一次设备开关柜屏面上方设计一个继电器小室，屏侧面有端子排室，正面安装有信号灯、开关、操作手柄及控制按钮等二次设备；另外一种是专门用来放置二次设备的控制屏，主要用于比较大型变配电所的控制室。

屏面布置图通常是按照一定的比例来绘制，并且需要在图纸上标注与原理图相一致的文字符号和数学符号。屏面布置应该采取的原则是屏顶安装控制信号电源及母线，屏后两侧安装端子排和熔断器，屏上方安装少量的电阻、光子牌、信号灯、按钮、控制开关以及相关的模拟电路。

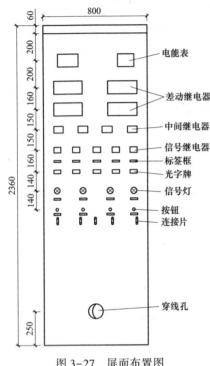

图 3-27　屏面布置图

屏面布置图的绘制结果如图 3-27 所示。

2. 端子排图

屏内设备与屏外设备之间的连接是通过接线端子来实现的，这样做的好处是方便接线和查线。接线端子是连接二次设备必不可少的配件，屏内二次设备正电源的引线和电流回路的定期检修等，都需要通过端子来实现。许多端子组合在一起则构成端子排。

表示端子排内各端子与内外设备之间的电线连接关系的图纸称为端子排接线图，又称端子排图。

通常情况下，将为某一主设备服务的所有二次设备称为一个安装单位，这是二次接线图上的专有名词，例如"××变压器"、"××线路"等。

对于共用装置设备，例如信号装置与测量装置，可以单独使用一个安装单位来表示。

在二次接线图中，安装单位都采用一个代号来表示，一般情况下使用罗马数字来编号，即Ⅰ、Ⅱ、Ⅲ等。该编号是这一安装单位所使用的端子排编号，也是这一单位中各种二次设备总得代号。例如第Ⅱ安装单位中第 3 号设备，可以表示为Ⅱ3。

（1）端子的用途。

1）普通端子：用来连接屏内外导线。

2）试验端子：在系统不断电的情况下，可以通过这种端子对屏上仪表和继电器进行测试。

3）连接端子：用于端子之间的连接，从一根导线引入，很多根导线引出。

（2）端子排列规则概述如下。

1）屏内设备与屏外设备的连接必须经过端子排，在交流回路经过试验端子，声响信号回路为方便断开实验，应该经过特殊端子或者试验端子。

2）屏内设备与直接接至小母线设备一般应该经过端子排。

3）同一屏上各个安装单位之间的连接应该经过端子排。

4）各个安装单位的控制电源的正极或者交流电的相线都由端子排引接，负极或中性线应该与屏内设备连接，连线的两端应该经过端子排。

（3）端子上的编号方法介绍如下。

1）端子的左侧通常为与屏内设备相连接设备的编号或者符号。

2）中左侧为端子顺序编号。

3）中右侧为控制回路相应编号。

4）右侧一般为与屏外设备或小母线相连接的设备编号或者符号。

5）正负电源间通常编写一个空端子号，防止造成短路。

6）在最后预留2~5个备用端子号，向外引出电缆并按其去向分别编号，使用一根线条集中进行表示。

端子排图的表示方式如图3-28所示。

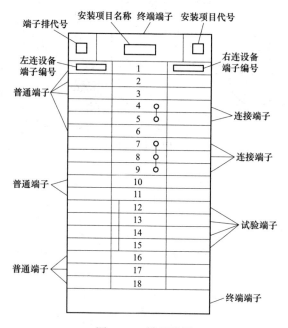

图3-28 端子排图

3. 屏背面接线图

屏背面接线图又称屏后接线图，是以二次接线图、屏面布置图、端子排图为主要依据来重新绘制的图纸，是屏内设备走线、接线、查线的重要参考图，也是安装接线图中重要的图纸之一。

屏背面接线图的绘制原则如下所述。

（1）屏上各设备的实际尺寸已经由屏面布置图决定，图形不需要按照比例来绘制，但是应该保证设备之间的相对位置准确。

（2）屏背面接线图是后视图，看图者的位置在屏后，因此左右方向正好与屏面布置图相反。

（3）各设备的引出端子要注明编号，并且按照实际排列的顺序绘制。设备内部接线通常不需要绘制，或者只绘制相关的线圈和触点。因为从屏后看不见设备的轮廓，因此设备边框应该使用虚线来表示。

（4）尽量使用最短线来绘制屏上设备间之间的连接线，并且不得迂回曲折。

屏内设备的标注方式为，在设备图形上方绘制一个圆圈来标注，在圆圈内绘制安装单位编号，在安装编号的一侧绘制设备的顺序号，接着在下方绘制设备的文字符号。

如图 3-29 所示为屏内设备标注方式示意图。

图 3-29　屏内设备标注方式示意图

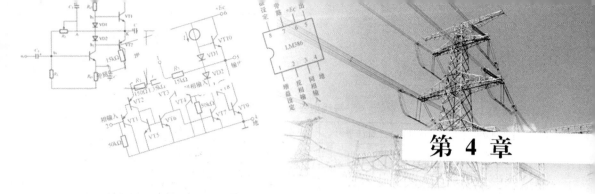

第 4 章

送电线路工程图识读实例

本章介绍送电线路工程图的相关知识，包括识读架空电力线路工程图以及电力线缆工程图的识读步骤。

4.1 识读架空电力线路工程图

本节介绍识读架空电力线路工程图的方法，首先介绍架空线路的组成，然后讲解架空电力线路工程图的识读步骤。

4.1.1 架空线路概述

电力网中的线路可以分为两类，一类是送电线路，即输电线路；另一类是配电线路。

送电线路是指架设在升压变电站与降压变电站之间的线路，是专门用来输送电能的。

配电线路是指从降压变电站至各用户之间的 10kV 及以下线路，是用来专门分配电能的。配电线路按电压的不同又可分为低压线路和高压线路，1kV 及以下线路称为低压架空线路，1kV 以上的线路称为高压架空线路。

架空电力线路的构成要件有导线、电杆、横担、绝缘子等，本节分别介绍之。

1. 导线

导线的作用是传导电流，另外，导线还要承受拉力与气候环境的影响。导线在结构上可以分为单股导线、多股导线及复合材料多股导线三类。

单股导线之间最大不超过 4mm，截面一般在 10mm² 以下。架空线路常用的导线是铝导线、钢芯铝绞线等。其中，铝绞线用于低压线路，钢芯铝绞线用于高压线路。低压线路也常用绝缘铜导线作架空线路。在 35kV 以上的高压线路中，还要安装避雷线，常用的避雷线为镀锌钢绞线。

架空导线型号由汉语拼音字母和数字两部分组成，字母在前，数字在后。导线型号表示方法见表 4-1。

表 4-1   导线型号表示方法

导线种类	字母符号	标注举例	含义解释
单股铝线	L	L-10	标称截面 $10mm^2$ 的单股铝线
多股铝绞线	LJ	LJ-16	标称截面 $16mm^2$ 的多股铝绞线
钢芯铝绞线	LGJ	LGJ-35/6	铝线部分标称截面 $35mm^2$，钢芯部分标称截面 $6mm^2$ 的钢芯铝绞线
单股铜线	T	T-6	标称截面 $6mm^2$ 的单股铜线
多股铜绞线	TJ	TJ-50	标称截面 $50mm^2$ 的多股铜绞线
多股钢绞线	GJ	GJ-25	标称截面 $25mm^2$ 的钢绞线

架空导线在运行中除了承受自身的重量的荷载外，还要承受温度变化及冰、风等外荷载。这些荷载会使导线承受的拉力大大增加，甚至有可能造成断线事故。所以，导线截面越小，承受外荷载的能力越低。为保证安全，国家规定了架空导线最小允许截面，详情见表 4-2。

表 4-2   导线最小允许截面 mm^2

导线种类	3~10kV 线路		0.4kV 线路	接户线
	居民区	非居民区		
铝绞线及铝合金线	33	25	16	绝缘线 4.0
钢芯铝绞线	25	16	16	—
钢绞线	16	16	3.2	绝缘铜线 2.5

2. 电杆

电杆埋在地上支持和架设导线、绝缘子、横担和各种金具的重量，要承担各种恶劣的气候环境，有的电杆还要承受导线的拉力。

电杆按材质可以分为木电杆、铁塔、钢筋混凝土电杆三种。

（1）木电杆运输及施工极为方便，且价格便宜、绝缘性能较好。缺点是机械强度较低，使用年限较短，需要花费较长的维修工作量。因此木电杆的使用范围较窄，通常仅在建筑施工现场作为临时用电架空线路。

（2）铁塔则通常应用于 35kV 以上架空线路的重要位置处。

（3）钢筋混凝土电杆是用水泥、砂、石子和钢筋浇制而成，优点是使用年限长，较少的维护费用，而且还可节约木材，广泛应用于城乡 35kV 及以下架空线路。

钢筋混凝土电杆如图 4-1 所示，其规格见表 4-3。

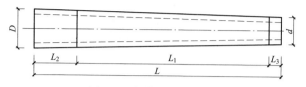

图 4-1 钢筋混凝土电杆

表 4-3 钢筋混凝土电杆规格

电杆长			梢径/mm			
L	L_1	L_2	$\phi150$	$\phi170$	$\phi190$	$\phi310$
8	6.45	1.30	√	√	√	√
9	7.25	1.50	√	√	√	√
10	8.05	1.70	√	√	√	√
11	8.85	1.90		√	√	√
12	9.75	2.00		√	√	√
13	10.55	2.20			√	√
15	12.25	2.50			√	√

3. 绝缘子

绝缘子用来固定导线，并使得导线对地绝缘，此外绝缘子还要承受导线的垂直荷重和水平拉力，因此绝缘子应有良好的电气绝缘性能和足够的机械强度。

架空线路常用的绝缘子有针式绝缘子、碟式绝缘子、悬式绝缘子及瓷横担等。其中，绝缘子又可分为高压和低压两类，即 6、10、35kV 为高压，1kV 及以下为低压。

4. 线路金具

线路金具指在敷设架空线路中，横担的组装、绝缘子的安装、导线的架设及电杆拉线的制作时所需要的金属附件。

常用的线路金具有横担固定金具（如穿心螺栓、环形抱箍等）、线路金具（挂板、线夹等）、拉线金具（心形环、花篮螺栓等）。

5. 横担

横担装在电杆上端，用来固定绝缘子架设导线，有时也用来固定开关和避雷器等。为使导线有一定的间距，横担必须要有一定的强度和长度。

高、低压架空配电线路的横担主要有角钢横担、木横担和瓷横担三种。其中，角钢横担和木横担的规格见表 4-4。

表 4-4 横担规格 mm

横担种类	高压	低压
角钢横担	小于 63×5	小于 50×5
木横担（圆形截面）	直径 120	直径 100
木横担（方形截面）	100×100	80×80

6. 拉线

拉线在架空线路中是用来平衡电杆各方向的拉力、防止电杆弯曲或倾倒的，因此在承力杆（转角杆、终端杆、耐张杆）上都要装设拉线。拉线的种类有普通拉线、转角拉线、人字拉线、高桩拉线、自身拉线。

4.1.2　识读送电线路工程图

本节分别介绍架空线路平面图、高压架空线路断面图、供电线路平面图的识读步骤。

1. 识读架空线路平面图

架空线路平面图表现了线路的走向、电线杆的位置、挡距及耐张段等信息。10kV 架空线路平面图的绘制结果如图 4-2 所示，在平面图中使用实线来表示导线。

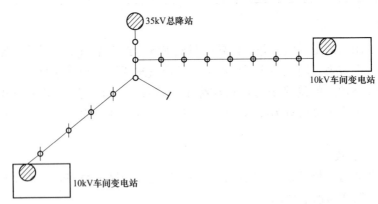

图 4-2　架空线路平面图

通过阅读架空线路平面图，应该知道以下信息。

（1）知晓线路所采用的导线的型号、规格等信息，如标注文字 LJ-2×25，表示使用铝绞线，截面为 25mm，两根穿管。

（2）所跨越的电力线路及公路的情况。

（3）掌握电杆的数目及电杆的类型。

（4）通过计算得出线路的分段和挡位。

（5）了解至变电所终端杆的有关做法。

（6）知道线路拉线的根数，拉线的类型由 45°拉线、水平拉线和高桩位拉线等。

2. 识读高压架空线路断面图

对于 35kV 以上的架空线路，以及穿越高山、河流等地段的架空线路，应该绘制平面图以及纵向断面图，方便在了解地形条件的前提下安全施工。

架空线路的纵向断面图是沿线路中心线的剖面图，如图 4-3 所示为断面图的绘制结果。断面图的上半部分为断面图图形，在"平面图"表行中标示了电线杆在平面的大概位置，以下是相关的数据标注，如里程与挡距。这些相关数据是对平面图及断面图的补充与说明。

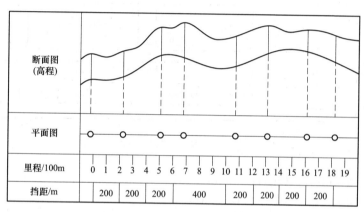

图 4-3 高压架空线路平断面图

通过读图，可以得知以下信息。

（1）通过断面图上所绘制的曲线，可以得知线路经过地面的地形断面情况。

（2）通过结合"平面图"表行、"里程"表行，可以得知各杆位之间地平面的相对高差。

（3）导线的对地距离，弛度以及交叉跨越的立面情况。

3. 识读供电线路平面图

如图 4-4 所示为供电线路平面图的绘制结果，以下介绍其识读过程。

（1）通过识读平面图，可以得知该区域的建筑类型分为三类，分别是 1 号商业网点、2 号幼儿园、3~10 号住宅楼。

（2）整个区域的电源由变电站提供，通过电力电缆线向外输送电源。

（3）1 号商业网点的电源经型号为 WP—VV22—（3×95+1×50）的电力线缆由变电站输送，在图中使用粗实线来表示电力电缆。

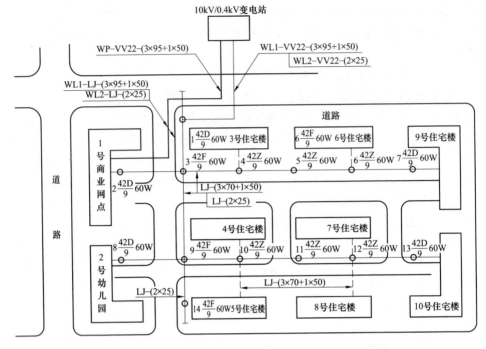

图 4-4　供电线路平面图

注：

1. 照明分干线的型号均为 LJ-（3×70+1×50）。

2. 照明接户线的型号均为 LJ-（3×35+1×16）。

3. 电缆过道时穿越 SC100 镀锌钢管保护

（4）各用户的照明电力电缆经型号为 WL1—VV22—（3×95+1×50）的电缆由变电站输送。在电缆经过 1 号杆时（即 3 号住宅楼左上角的电线杆），敷设方式改为架空敷设，电缆的型号更改为 LJ—（3×70+1×50）。

（5）在送至 3 号杆后（即 3 号住宅楼左下角的电线杆），改用型号为 LJ—（3×70+1×50）的铝绞线将电能送至各分干线，再经分干线，将电源输送至用户家中。

（6）使用型号为 WL2—VV22—2×25 的电力电缆为路灯输送照明电源。经过 1 号杆时（即 3 号住宅楼左上角的电线杆），改用 WL2—LJ—2×25 的铝绞线。

（7）标注文字 $1\dfrac{42D}{9}60W$ 的含义解读如下。

1) 1 表示电线杆的编号，如 1 号杆、2 号杆、3 号杆等。

2) 42D 表示电线杆的类型，为终端杆。此外，42Z 表示直线杆，42F 表示分支杆。

3）9 表示电线杆的高度，一般为 9m。

4）60W 表示路灯的瓦数，为 60 瓦，W（瓦）是标注单位。

（8）平面图右下角的说明文字标明了照明分干线、照明接户线的型号，在读图时应注意。

4.2　电缆线路工程图识读实例

本节介绍电缆线路工程图的识读方法，首先介绍电力电缆的相关知识，接着讲解电力电缆工程图的识读步骤。

4.2.1　电力电缆概述

使用电力电缆进行电流的输送有诸多优点，如线路运行可靠、不受外界自然条件的影响、不需要架设电杆、用地节约等。此外，电力电缆适合用在有腐蚀性气体的场所或者易燃易爆场所、人口稠密的地区以及不方便架设架空线路的场所。

1. 电力电缆的种类

电力电缆按截面形状可以分为圆形、半圆形及扇形三种。其中，圆形、半圆形使用的较少，扇形芯大量使用于 1~10kV 三芯和四芯电缆。

根据电缆的品种与规格，线芯可以制成实体，也可制成绞合线芯。绞合线芯由圆单线和成型单线绞合而成。

按照绝缘材料的不同，可以对电力电缆分类如下。

（1）油浸纸绝缘电缆；

（2）聚氯乙烯绝缘，聚氯乙烯护套电缆（即全塑电缆）；

（3）交联聚乙烯绝缘、聚氯乙烯护套电缆；

（4）橡皮绝缘、聚氯乙烯护套电缆（即橡皮电缆）；

（5）橡皮绝缘、橡皮护套电缆，即橡套软电缆。

除以上所述的各类电缆外，电力电缆的类型还有控制电缆、信号电缆、电视辐射同轴电缆、电话电缆、光缆、移动式软电缆等。

电缆的型号是由许多字母和数字排列组合而成的，其排列规则及含义见表 4-5。

表 4-5　　　　　　　　　　　电缆型号排列及组合方式

分类	导体	绝缘	内护套	特点
电力电缆 （可省略不表示）	T：铜线 （可以省略）	Z：油浸纸	Q：护套	D：不滴油

续表

分类	导体	绝缘	内护套	特点
—	—	X：天然橡胶	L：铅套	F：分相
K：控制电缆	L：铝线	(X) D：丁基橡胶	H：橡套	CY：充油
P：信号电缆		(X) E：乙丙橡胶	(H) P：非燃性	P：屏蔽
YT：电梯电缆		V：聚氯乙烯	HF：氯丁胶	C：滤尘用或重型
U：矿用电缆		Y：聚乙烯	V：聚氯乙烯护套	G：高压
Y：移动式电缆		YJ：交联聚乙烯	Y：聚乙烯护套	
H：市内电话缆		E：乙丙胶	VF：复合物	
UZ：电钻电缆			HD：耐寒橡胶	
DC：电气化车辆用电缆				

电力电缆外护层代号的含义见表4-6。

表 4-6 电力电缆外护层代号含义

第一个数字		第二个数字	
代号	铠装层类型	代号	外护层类型
0	FQ	0	无
1	钢带	1	纤维线包
2	双钢带	2	聚氯乙烯护套
3	细圆钢丝	3	聚氯乙烯护套
4	粗圆钢丝	4	—

2. 电力电缆的基本结构

电力电缆即在绝缘导线的外面加上增强绝缘层和防护层的导线，通常情况下由许多层构成。一根电缆内可以有若干根芯线，电力电缆一般为单芯、双芯、三芯、四芯和五芯，控制电缆为多芯。

线芯的外部是绝缘层。多芯电缆的线芯之间加填料（即黄麻或塑料），多线芯合并后外面再加一层绝缘层，其绝缘层外是铅或者铅保护层，保护层外面是绝缘护套，护套外有些还需要加装钢铠防护层，以增加电缆的抵拉和抗压强度，钢铠外还需要加绝缘层。

由于电力电缆有比较好的绝缘层和防护层，因此在敷设时不需要再另外采用其他绝缘措施。

电缆的线芯结构见表4-7。

表 4-7　　　　　　　　　　　　　　　　　线芯结构

标称截面 /mm²	线芯材料	额定电压 1~3kV	额定电压 6~10kV	
		各种类型	黏性油浸电缆	不滴油电缆
16 及以下	铝 铜	单根圆形硬铝线 单根圆形软铜线	单根圆形硬铝线 单根圆形软铜线	
25~50	铝	单根软铝线或 绞合线芯	单根软铝线或绞合线芯	
25~50	铜	单根软铜线 或绞合线芯	绞合线芯	绞合线芯或 单根线芯
70 及以上	铝	绞合线芯	绞合线芯	
50 及以上	铜	绞合线芯	绞合线芯	

电缆绞线的单线根数见表 4-8。

表 4-8　　　　　　　　　　　　电缆绞线的单线根数

标称截面 /mm²	圆形线芯根数 （不少于）	扇形或半圆形线 芯根数（不少于）	标称截面 /mm²	圆形线芯根数 （不少于）	扇形或半圆形 线芯根数（不少于）
25 及 35	7	12	240	37	36
50 及 70	19	15	300	37	—
95	19	18	400	37	—
120	19	24	500	37	—
150	19	30	630	61	—
185	37	36	800	61	—

3. 选择电力电缆的原则

电力电缆的选择原则概括如下。

（1）在最大工作电流作用下的线芯温度不得超过按电缆使用寿命确定的允许值，持续工作回路的线芯工作温度见表 4-9。

表 4-9　　　　　　　　　　　　电缆最高允许温度

电缆类型	电压/kV	最高允许温度/℃	
		额定负荷时	短路时
黏性油浸纸绝缘	1~3	80	250
	6	65	
	10	60	
	35	50	175

续表

电缆类型	电压/kV	最高允许温度/℃	
		额定负荷时	短路时
不滴流纸绝缘	1~6	80	250
	10	65	
	35	65	175
交联聚乙烯绝缘	≤10	90	250
	>10	80	
聚氯乙烯绝缘		70	160
自容式充油	63~500	75	160

（2）最大短路电流作用时间产生的热效应，应该满足热稳定条件。对于非熔断器保护的回路，满足热稳定条件可按短路电流作用下线芯温度不超过表 4-9 规定的允许值。

（3）连接回路在最大工作电流作用下电压降，不能超过该回路允许值。

（4）较长距离的大电流回路或 35kV 以上高压电缆还应该按"年费支出最小"原则选择经济截面。

（5）铝芯电缆截面不宜小于 $4mm^2$。

（6）水下电缆敷设当线芯承受压力并且较为合理时，可以按照抗拉要求选用截面。

4.2.2　电力电缆的敷设方式

电缆的敷设方法很多，有直埋地敷设、电缆沟敷设、电缆隧道敷设、排管敷设、室内外支架明敷、桥架线槽敷设等。应该根据工程条件、环境特点和电缆类别、数量等因素，并按照满足运行可靠、便于维护的要求和技术经济合理的原则来选择电缆的敷设方式。

1. 电缆直接埋地敷设

在沿同一路径敷设的室外电缆根数为 8 根及以下而且场地有条件时，电缆宜采用直接埋地敷设。直接埋地敷设的好处是不需要复杂的结构设施，简单又经济，电缆散热也好，适合用于电力电缆敷设距离较长的场所。

采用直接敷设时应避开含有酸、碱强腐蚀或杂散电流电化学腐蚀严重影响地段。电缆直接埋地的做法见表 4-10。

电缆沟最大边坡坡度比（$H:L_3$）见表 4-11。

直埋敷设于冻土地区时，应埋入冻土层以下。在无法深埋时可在土壤排水性较好的干燥冻土层或者回填土中埋设，也可采取其他防止电缆受到损伤的措施。

直埋敷设的电缆，严禁位于地下管道的正上方或下方。

表 4-10 电缆最低允许敷设温度

电缆类型	电缆结构	最低允许敷设温度/℃
油浸纸绝缘电力电缆	充油电缆	-10
	其他油纸电缆	0
橡皮绝缘电力电缆	橡皮或聚氯乙烯护套	-15
	裸铅套	-20
	铅护套钢带铠装	-7
塑料绝缘电缆		0
控制电缆	耐寒护套	-20
	橡皮绝缘聚氯乙烯护套	-15
	聚氯乙烯绝缘聚氯乙烯护套	-10

表 4-11 电缆沟最大边坡坡度比 （$H:L_3$）

土壤名称	边坡坡度比	土壤名称	边坡坡度比
砂土	1:1	黏土	1:0.33
亚砂土	1:0.67	含砾石卵石土	1:0.67
亚黏土	1:0.50	泥炭岩白垩土	1:0.33
干黄土	1:0.25		

电缆与电缆或管道、道路、构筑物等相互之间最小距离见表 4-12。

表 4-12 最小距离

项目		最小净距/m	
		平行	交叉
电力电缆间及其与控制电缆间	10kV 及以下	0.10	0.50
	10kV 以上	0.25	0.50
控制电缆间		—	0.50
不同使用部门的电缆间		0.50	0.50
热管道（管沟）及热力设备		2.00	0.50
油管道（管沟）		1.00	0.50
可燃气体及易燃液体管道（沟）		1.00	0.50
其他管道（管沟）		0.50	0.50
铁路路轨		3.00	1.00

续表

项目		最小净距/m	
		平行	交叉
电气化铁路路轨	交流	3.00	1.00
	直流	3.00	1.00
公路		1.50	1.00
城市街道路面		1.00	0.70
杆基础（边线）		1.00	—
建筑物基础（边线）		0.60	—
排水沟		1.00	0.50

注 1. 电缆与公路平行的净距，在情况特殊时可以酌情减少。

2. 当电缆穿管或者其他管道有保温层等防护措施时，表中净距应从管壁或防护设施的外壁算起。

直埋敷设的电缆与铁路、公路或街道交叉时，应该穿保护管，而且保护范围超出路基、街道路面两边以及排水沟边 0.5m 以上。直埋敷设的电缆引入构筑物，在贯穿墙孔处应该设置保护管，而且对管口实施阻水。

直埋电缆应具有铠装和防腐层。电缆沟底应平整，上面铺 100mm 厚细沙或筛过的软土。电缆长度应比沟槽长出 1%~2%，作波浪铺设。电缆敷设后，上面覆盖 100mm 后的细沙或软土，然后盖上保护板或砖层，其宽度应该超过电缆两侧各 50mm。

敷设在郊区或空旷地区的电缆线路，在沿电缆路径的直线间隔约 100m、转弯处或者接头部位，应该竖立明显的方位标志或者标桩。

2. 电缆排管敷设

电缆的排管敷设方法为，按照一定的孔数排列预制好的水泥管块，再用水泥砂浆浇注成一个整体，然后将电缆穿入管中。

电缆排管敷设的要求如下所述。

（1）电缆排管敷设时，排管沟底部地基应该坚实、平整，不应该有沉陷。假如不符合要求，应该对地基进行处理并夯实，以免地基下沉损坏电缆。

（2）电缆排管敷设应一次留足备用管孔数，在无法预计的情况下，除考虑散热孔外，可以预留 10% 的备用孔，但是不应该少于 1~2 孔。

（3）电缆排管管孔的内径不应该小于电缆外径的 1.5 倍，但是电力电缆的管控内径不应该小于 90mm，控制电缆的管孔内径不应小于 75mm。

（4）排管顶部距地面不应该小于 0.7m，在人行道下面敷设时，承受压力小，受外力作用的可能性较小；假如地下管线较多，埋设深度可以浅一些，但是不应该小于 0.5m。在厂房内不宜小于 0.2m。

（5）当地面上均匀荷载超过 100kN/m² 或排管通过铁路及遇有类似情况时，必须采取加固措施，防止排管受到机械损伤。

（6）排管在安装前应该先疏通管孔，清除管孔内的杂物，并且应该打磨管孔边缘的毛刺，防止穿电缆时划伤电缆。

（7）排管安装时，应该有不小于 0.5% 的排水坡度，并在入孔井内设集水坑，集中排水。

（8）电缆排管敷设连接时，管孔应对准，以免影响管路的有效路径，保证敷设电缆时穿设顺利。电缆排管处应严密，不得有地下水和泥浆渗入。

（9）电缆排管为了方便检查和敷设电缆，在电缆线路转弯、分支、终端处应设入孔井。在直线段上，每隔30m以及在转弯和分支的地方也必须设置电缆入孔井。其中，电缆入孔井的净空高度不应小于 1.8m，其上部入孔的直径不应小于 0.7m。

3. 电缆明敷设

电缆明敷设是直接将电缆敷设在构架上，可以像在电缆沟中一样使用支架，也可以使用钢索悬挂或挂钩悬挂。

4. 电缆桥架敷设

电缆桥架敷设是指将电缆直接敷设在电缆专用桥架上，其敷设方式可以分为梯阶式、托盘式和槽式三种。

5. 电缆沟敷设

在平行敷设电缆根数较多时，可以采用在电缆沟或电缆隧道内敷设的方式，这种敷设方式一般应用于工厂内。电缆隧道可以说是尺寸较大的电缆沟，使用砖砌或使用混凝土浇灌而成，沟顶部用钢筋混凝土盖板盖住。沟内装有电缆支架，电缆均挂在支架上。

使用电缆沟敷设方式的要求如下所述。

（1）支架层间垂直距离和通道的最小距离值见表4-13。

表 4-13   最小距离值   m

名称	敷设条件	电缆隧道（净高1.90）	电缆沟	
			沟深0.60以下	沟深0.60及以上
通道宽度	两侧设支架	1.00	0.30	0.50
	一侧支架	0.90	0.30	0.45
支架层间垂直距离	电力电缆	0.20	0.15	0.15
	控制电缆	0.12	0.10	0.10

（2）电缆支架间或固定点间的最大距离值见表4-14。

表 4-14   **最大距离值**   m

敷设方式	电缆种类		
	塑料护套、铝包、铅包钢带铠装		钢丝铠装
	电力电缆	控制电缆	
水平敷设	1.00	0.80	3.00
垂直敷设	1.50	1.00	6.00

（3）电缆支架自行加工时，钢材应平直，没有显著扭曲；下料后长矩差应该在 5mm 范围内，切口无卷边、毛刺；钢支架在采用焊接时，不要有显著的变形。

（4）支架安装应该牢固、横平竖直；同一层的横撑应该在同一水平面上，其高低偏差不应该大于 5mm；支架上各横撑的垂直距离，其偏差不应该大于 2mm。

（5）在有坡度的电缆沟内，其电缆支架也要保持同一坡度，该项也适用于有坡度的建筑物上的电缆支架。

（6）支架与预埋件焊接固定时，焊缝应该饱满；使用膨胀螺栓固定时，选用螺栓应该适配，连接紧固，防松零件齐全。

（7）电缆沟内钢支架必须经过防腐处理。

4.2.3 识读电力电缆工程平面图

如图 4-5 所示为 10kV 电力电缆线路工程平面图的绘制结果，该工程中的电缆敷设方式为直接埋地敷设。以下介绍其识读过程。

（1）电缆的埋设起点为 1 号杆位置，穿过解放路，沿道路南侧敷设；到前进大街向南转，沿大街东侧敷设，至星星糖果厂敷设完成。

（2）电缆在敷设过程需要穿过道路，必须按照相关的施工标准设置混凝土管进行保护。

（3）在本例中，电缆横穿道路时使用管长 6m、ϕ120mm 的混凝土管作保护。

（4）A 号位置为电缆中间接头位置，从此处开始对工程平面图进行识读。

（5）A 号位置向右，在直线范围为 4.5m 内做了一段弧线，弧线的松弛量为 0.5（见弧线右侧的标注文字"松弛 0.5"）。

（6）制作电缆弧线的原因是预留电缆头因损坏而需修复时所需的长度。假如不预设松弛量，在需要修复电缆头时会因线路长度不够而造成麻烦。

（7）A 号向右（4.5m 右侧），设置长度为 30.0+8.0=38（m）的直线范围。向北穿过解放路，路宽为 2.0+6.0=8.0（m）。电线杆距离解放路 1.5+1.5=3.0（m）。

（8）该处松弛量标注文字为"松弛 2.0"，意思不是指松弛量为 2.0，而是指一共设置了两段松弛量，共计 2.0m，即设置了两段弧线。

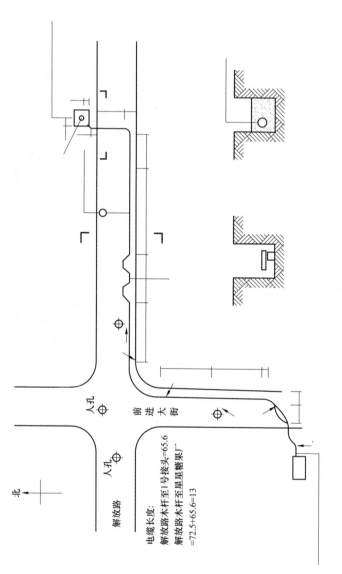

北

解放路

入孔

入孔

前进大街

入孔

电缆长度:
解放路木杆至1号接头=65.6
解放路木杆至星星糖果厂
=72.5+65.6=13

图4-5 10kV 电力电缆线路工程平面图(m)

（9）由标注文字"地面到终端头（＿ 型）＝9.0"可以得知，电缆终端头距离地面为9m。

（10）电缆敷设时距离路边0.6m（道路拐弯处的向下斜箭头指示的标注数字"0.6"，表示距离为0.6m）。

（11）由上所述，通过算式4.5+0.5+30.0+8.0+2+6.0+1.5+1.5+2.0+9.0+0.6＝65.6（m），这一段电缆总长度为65.6m。

（12）A号位置向左，在长度为5.0m的直线范围内做了一段弧线，弧线的松弛量为1.0（见弧线上方的标注文字"松弛1.0"）。

（13）继续向左，经过长度为11.5m的直线范围，向南转弯进入前进大街，制作一段长度为8m的弧段。

（14）往南直下13.0+12.0+2.0＝27m后，穿过前进大街，大街的街宽为9m。

（15）星星糖果厂与大路相距5m，预留2m的松弛量。（这里的标注文字"松弛量2.0"指预留2m的松弛量，而不是设置两段松弛量一共为2m。）

（16）通过标注文字"洞口到终端头（＿ 型）＝4.0m"可以得知，电缆进入到星星糖果厂后到终端头的长度为4m。

（17）电缆敷设距路边0.9m，通过前进大街南段右侧的向上斜箭头指示的标注数字"0.9"可以得知。

（18）由上所述，通过算式1.0+5.0+11.5+8.0+13.0+12.0+2.0+3.0+6.0+5.0+2.0+4.0＝72.5（m），这一段电缆总长度为72.5m。其中，电缆敷设距路边的0.9m与穿过道路的斜向增加长度相抵，因此不参与计算。

（19）将A号位置左右两段电缆的长度相加，得出电缆的总长度为65.6+72.5＝138.1（m），其中包括在电缆两端和电缆中间接头处必须预留的松弛长度。

（20）A—A剖面图的剖切位置位于A号位置右侧，表示的是电缆埋地敷设时的做法，即采用在地底铺沙子，在电缆上放置盖板作为保护的敷设方法。

（21）B—B剖面图的剖切位置位于1号杆的下方，表示的是电缆穿过道路时加设ϕ120混凝土排管得制作方法。

第 5 章

建筑动力及照明工程图识读实例

本章介绍建筑动力及照明工程图的相关知识，包括建筑动力及照明工程的基础知识、室内配电线路的方式，最后分别介绍动力平面图以及照明平面图的识读步骤。

5.1 建筑动力及照明工程概述

本节介绍建筑动力及照明工程的相关知识，如建筑照明方式的种类、灯具的选择以及照明配电设备的类型等。

5.1.1 建筑的照明方式及分类

建筑的照明方式有多种类型，如一般照明、局部照明、混合照明等，本节分别对其进行介绍。

1. 照明的方式

（1）一般照明。一般照明指为照亮整个场所而设置的均应照明，即在整个房间的被照面上产生同样照度。通常情况下，被照空间照明器均匀布置。对于工作位置密度很大而对光照方向又无特殊要求，或者工艺上不适宜装设局部照明的场所，可以采用一般照明。

（2）分区一般照明。分区一般照明指对某一特定区域，如进行工作的地点，设计成不同的照度来照亮该区域的一般照明。当某一工作区需要高于一般照明亮度时，可以采用分区一般照明。

（3）局部照明。局部照明指特定视觉工作用的，为了照亮某个局部而设置的照明，是局限于工作部位的固定或者移动的照明。对于局部地点需要高照度并对照射方向有要求时，可以采用局部照明。但是在整个场所不应该仅设置局部照明，而是应该与一般照明结合使用。

（4）混合照明。混合照明指一般照明与局部照明共同组成的照明。对于工作面需要较高照度并对照射方向有特殊要求的场所，可以采用混合照明。混合照明中一般照明的照度不低于混合照明总照度的 5% ~ 10%，并且最低照度不低于 20lx。

2. 照明分类

照明分类见表 5-1。

表 5-1 　　　　　　　　　　　　　　　　照明分类

类别名称	说　明
正常照明	正常工作时使用的室内、室外照明称为正常照明。借助正常照明能顺利完成工作、保证安全通行和看清楚周围的物体。所有居住房间、工作场所、公共场所、运输场地、道路等交通场地，都应该要设置正常照明
应急照明	正常照明的电源因故障失效后启用的照明，即正常照明熄灭后，供事故情况下继续工作或人员安全通行的照明称之为应急照明。应急照明主要有疏散照明（即确保安全出口通道能够辨认使用，使人员能够安全撤离的照明）、安全照明（确保人员人身安全的照明）、备用照明（确保正常活动继续进行）。 应急照明光源采用瞬时点亮的白炽灯或卤钨灯，灯具布置在可引起事故的设备或材料的周围、主要通道、危险地段、出入口等处，并在灯具上明显位置加涂红色标记。应急照明的照度大于工作面上的总照度10%。疏散照明的标志安装在疏散走道距地1m以内的墙面上、楼梯口、安全门的顶部，底座采用非燃材料
值班照明	在重要的车间和场所设置的供值班人员使用的照明称之为值班照明。它对照度的要求不高，可以利用工作照明中能单独控制的一部分，也可利用应急照明，对其电源没有特殊要求，在大面积场所宜设置值班照明
警卫照明	警卫照明用于有警卫任务的场所，根据警戒范围的要求设置警卫照明
障碍照明	障碍照明装设在高层建筑物或构物上，作为航空障碍标志（信号）用的照明，并应执行民航和交通部门的有关规定。建筑物上安装的障碍标志灯的电源应按一级负荷要求供电。障碍照明采用能穿透雾气的红光灯具
标志照明	标志照明借助照明以图文形式告知人们通道、位置、场所、设施等信息。标志照明比一般的标志牌更为醒目，在公共建筑物内部对人们起到引导及提示的作用，提高了公共建筑服务的综合运转效率
景观照明	景观照明包括装饰照明、外观照明、庭院照明、建筑小品照明、喷泉照明、节日照明等，用来烘托气氛、美化环境
绿色照明	绿色照明指通过科学的照明设计，采用效率高、使用寿命长、安全和性能稳定的照明电器产品（电光源、灯用电器附件、灯具、配线器材及调光控制器和控光器件），改善提高人们工作、学习、生活的条件和质量，从而创造出一个高效、舒适、安全、经济、有益的环境并充分体现现代文明的照明

5.1.2 光源灯具的选择

可供选用的光源灯具有多种，如白炽灯、卤钨灯、荧光灯等，本节分别介绍各类灯具的特点。

1. 白炽灯

白炽灯是第一代光源，依靠钨丝白炽体的高温热辐射发光，结构简单，使用方便，显色性好。但是因为热辐射中只有2%~3%的可见光，其发光效率低，抗震性较差，灯丝发热蒸发出的钨分子在玻璃泡上产生黑化现象，平均寿命一般达1000h，目前白炽灯正处于逐步淘汰的发展状态。

白炽灯经常用于建筑物室内照明和施工工地的临时照明。聚光灯的额定电压有220V和36V安全电压，可用于地下室施工照明或手持照明。

2. 卤钨灯

卤钨灯包括碘钨灯和溴钨灯，也是第一代光源。在白炽灯中冲入微量的卤化物，利用卤钨循环提高发光效率。发光效率比白炽灯高30%。根据玻璃外壳的形状分为管状、圆柱状和立式等。

为了使卤钨循环顺利进行，卤钨灯必须水平安装，倾斜角不大于4°，不允许采用人工冷却措施，例如电风扇冷却，工作时的管壁温度可高达600℃，不能与易燃物接近，灯脚的引入线采用耐高温的导线。

卤钨灯的耐震性、耐电压波动性都比白炽灯差，但是显色性很好，常用于电视转播等场合。

3. 荧光灯

荧光灯利用汞蒸汽在外加电源作用下产生弧光放电，可以发出少量的可见光和大量的紫外线，紫外线再激励管内壁的荧光粉使之发出大量的可见光，属于第二代电光源。荧光灯由镇流器、灯管、启辉器和灯座组成。

荧光灯的特点是光效高，使用寿命长，光谱接近日光，显色性好。缺点是功率因数低，有频闪效应，不宜频繁开启。目前多使用电子镇流器的荧光灯，其功率因数可以达到0.9以上。

荧光灯一般用在图书馆、教室、隧道、地铁、商场等对显色性要求较高的场所。

4. 荧光高压汞灯（水银灯）

该类灯的外玻璃壳内壁涂有荧光粉，能将汞蒸汽放电时辐射的紫外线转变为可见光，以改善光色，提高光效。

荧光高压汞灯光效高（30~50lm/W），使用寿命长（5000h），适合用于庭院、街道、广场、工业厂房、车站、施工现场等场所的照明。

5. 高压钠灯

利用高压钠蒸汽放电，其辐射光的波长集中在人眼感受较为灵敏的区域内，因此其光效高、寿命长，但是显色性较差。高压钠灯的光效较高（60~125lm/W），是各种电光源之首，经常用于交通和广场照明。

6. 金属卤化物灯

金属卤化物灯在其发光管内添加金属卤（以碘为主）化物，利用金属卤化物在高温分解下产生金属蒸汽和汞蒸汽的混合物，激发放电辐射出特征光谱。选择适当的金属卤化物并控制它们的比例，就可以得到白光。

金属卤化物灯具有较高的光效（76~110lm/W），使用寿命长（10000h），显色性极好，适用于繁华街道、美术馆、展览馆、体育馆、商场、体育场、广场及高大厂房等。

5.1.3 照明配电设备

照明配电设备有多种，如照明配电箱、电表箱、插座和开关等，本节分别介绍各类设备的特性。

1. 照明配电箱

照明配电箱结构上按照安装方式可以分为封闭悬挂式（明装）和嵌入式（暗装）两种。主要结构分为箱壳、面板、安装支架、中性母线排、接地母线排等部件。

在面板上有操作主开关和分路开关的开启孔，假如不需要安装全数分路开关，可以使用封口板将开启孔部分封闭。进出线敲落孔置于箱壳上、下两面。背面还长圆形敲落孔，可以根据用户需要任意敲孔后使用。

2. 电表箱

电表箱有单相、三相三线、三相四线三类。

（1）单相：用于单相负荷，220V 电压。有单相电子式电能表、单相防窃电电度表、单相电子式电能表（带无线抄表）、单相电子式电能表（带 RS-485）、单相预付费电能表、单相复费率电能表和单相互感器接入式电能表。

（2）三相三线：用于中性点不接地系统，380V 电压。

（3）三相四线：用于中性点接地系统，380V 电压。

三相电能表还可以分为三相有功电能表、三相多功能电能表。

3. 插座和开关

（1）插座。插座的规格多样，有两孔的、三孔的，有圆插头、扁插头和方插头的，有 10A、16A 的，有中国、美国和英国标准的，有带开关的，带熔丝的，带安全门的，带指示灯的，有防潮的，有尺寸为 86mm×86mm、80mm×123mm 的等。

插座的安装规则如下。

1）暗装插座的安装高度一般为 0.3m。

2）在幼儿园等场所距地不低于 1.8m。

3）潮湿、密闭、保护型插座距地不低于 1.8m。

（2）开关。开关的种类有单联、双联、三联、四联开关；普通和防水防溅开关；明装和安装开关；定时和光电感应开关；单控和双控开关等。

安装开关应注意的事项。

1）开关的安装高度距地1.4m。

2）装在房门附近时不要被门扇遮挡。

3）一只开关不宜控制过多的灯具。

5.1.4　建筑的照明线路

本节介绍建筑照明线路的相关知识，如供电线路的类型、线路的基本组成、干线的配线方式等。

1．照明供电线路

照明供电线路有单相制（220V）和三相四线制（380V/220V）两种。

（1）220V单相制。一般小容量，即负荷电流为15～20V的照明负荷，可采用220V单相二线制交流电源。220V单相制线路示意图如图5-1所示，它由外线路上一根相线和一根中性线组成。

（2）380V/220V三相四线制。大容量的照明负荷（即负荷电流在30A上）通常采用380V/220V三相四线制中性点直接接地的交流电源。这种供电方式先将各种单相负荷平均分配，再分别接在每一根相线和中性线之间。

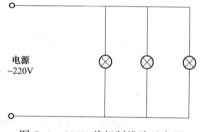

图5-1　220V单相制线路示意图

380V/220V三相四线制线路示意图如图5-2所示。当三相负荷平衡时，中性线上没有电流，因此在设计电路时应尽可能地使各相负荷平衡。

2．照明线路的基本组成

照明线路由引下线（接户线）、进户线、干线、支线组成。即由室外架空线路电杆上到建筑物外墙支架上的线路称为引下线，即接户线；从外墙到总配电箱的线路称为进户线；由总配电箱至分配电箱的线路称为干线；由分配电箱至照明灯具的线路称为支线。

3．干线配线方式

由总配电箱到分配电箱的干线供电方式有放射式（图5-3）、树干式（图5-4）、混合式（图5-5）三种。

4．照明支线

照明支线又可以称为照明回路，指分配电箱到用电设备这段路线，即将电能直接传递给用电设备的配电线路。

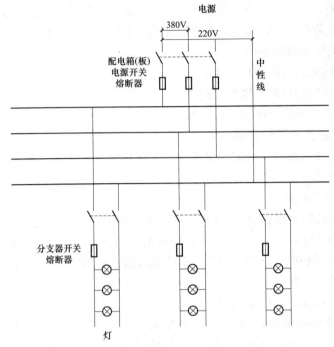

图 5-2 380V/220V 单相制线路示意图

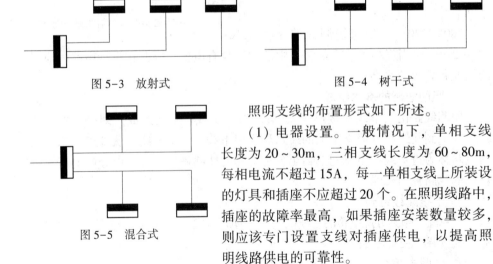

图 5-3 放射式

图 5-4 树干式

图 5-5 混合式

照明支线的布置形式如下所述。

（1）电器设置。一般情况下，单相支线长度为 20～30m，三相支线长度为 60～80m，每相电流不超过 15A，每一单相支线上所装设的灯具和插座不应超过 20 个。在照明线路中，插座的故障率最高，如果插座安装数量较多，则应该专门设置支线对插座供电，以提高照明线路供电的可靠性。

（2）导线截面。由于室内照明支线线路较长，转弯和分支较多，所以，从敷设施工方便考虑，支线截面不宜过大，一般应在 1.0~4.0mm² 以内，最大不应超过 6.0mm²。假如单相支线电流大于 15A 或截面大于 6.0mm²，则应该采用三相支线或两条单相支线供电。

（3）频闪效应的限制措施。为限制交流电源的频闪效应（频闪效应指电光源随着交流电的频率交变而发生的明暗变化），三相支线上的灯具可以实行按相序来排列，如图 5-6 所示；并使得三相负载接近平衡，以保证电压偏移的均衡。

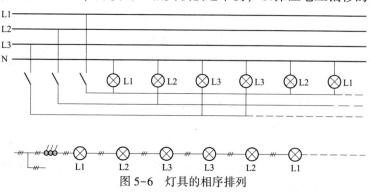

图 5-6 灯具的相序排列

（4）配线形式。多层建筑物照明配线形式如图 5-7 所示。住宅照明配线形式如图 5-8 所示。

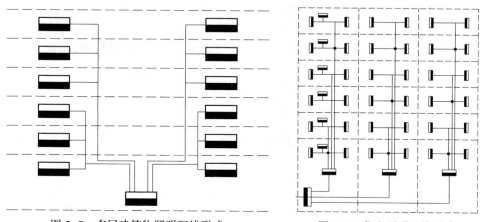

图 5-7 多层建筑物照明配线形式　　图 5-8 住宅照明配线形式

（5）支线的布置。

1）首先将用电设备分组，即是把灯具、插座等尽可能均匀地分成几组，有几组就有几条支线，即每一组为一供电支线。在分组时应该尽可能地使每相负荷平衡，一般最大相负荷与最小相负荷的电流差不宜超过 30%。

2）每一单相回路，其电流不宜超过 16A；灯具采用单一支线供电时，灯具数量不宜超过 25 盏。

3）作为组合灯具的单独支路其电流量最大不宜超过 25A，光源数量不宜超过 60 个；建筑物的轮廓灯每一单相支线其光源数不宜超过 100 个，且这些支线应该采用铜芯绝缘导线。

4）插座宜采用单独回路，单相独立插座回路所接插座不宜超过 10 组（每一组为一个二孔加一个三孔插座），且一个房间内的插座宜由同一回路配电；当灯具与插座共支线时，其中插座数量不宜超过 5 个一组。

5）备用照明、疏散照明回路上不宜设置插座。

6）不应将照明支线敷设在高温灯具的上部，接入高温灯具的线路应采用耐热导线或者采用其他的隔热措施。

7）回路中的中性线和接地保护线的截面应与相线截面相同。

5.1.5 建筑照明系统设计

照明系统设计的基本原则是实用、经济、安全、美观。根据上述原则，在确定照明方案时，应考虑不同类型建筑对照明的特殊要求，处理好人工照明与天然照明的关系，合理利用资金，采用节能光源高效灯具等技术。

1. 照明标准

照度标准值应按照 0.5、1、3、5、10、15、20、30、50、75、100、150、200、300、500、750、1000、1500、2000、3000、5000lx 分级。

应急照明的照度标准值应符合下列规定。

（1）备用照明的照度值除了另有规定外，不低于该场所一般照明照度值的 10%。

（2）安全照明的照度值不低于该场所一般照明照度值的 5%。

（3）疏散通道的疏散照明照度值不低于 0.5lx。

居住建筑照明标准值见表 5-2。

表 5-2　　　　　　　　　　居住建筑照明标准值

房间或场所		参考平面及其高度	照度标准值/lx
起居室	一般活动	0.75m 水平面	100
	书写、阅读		300 *
卧室	一般活动	0.75m 水平面	75
	床头、阅读		150 *
餐厅		0.75m 水平面	150
厨房	一般活动	0.75m 水平面	100
	操作台	台面	150 *
卫生间		0.75m 水平面	100

* 宜用混合照明。居住、公共建筑的动力站、变电站的照明标准按相应标准执行。

2. 质量控制

（1）照明的均匀度。

1）公共建筑的工作房间和工业建筑作业区域内的一般照明均匀度，不应小于 0.7，而作业面邻近周围的照度均匀度不应小于 0.5。

2）房间或场所内的通道和其他非作业区域的一般照明的照度值不宜低于作业区域一般照明照度值的 1/3。

（2）照明光源的颜色质量。

不同光源有不同的色温，不同的色温给人以冷、中间、暖的外观感觉。一般的照明光源根据其色温分为三类，其使用场合见表 5-3。

表 5-3   光源颜色分类

光源颜色分类	相关色温/K	颜色特征	适用场所举例
I	<3300	暖	居室、宴会厅、餐厅、多功能厅、酒吧、咖啡厅、重点陈列厅
II	3300~5300	中间	教室、办公室、会议室、阅览室、营业厅、一般休息厅、普通餐厅、洗衣房
III	>5300	冷	设计室、计算机房、高照度场所

（3）眩光的限制。

在进行照明设计时，要根据视觉工作环境的特点和眩光的程度，合理确定对直接眩光限制的质量等级 UGR。眩光限制的质量等级见表 5-4。

表 5-4   眩光限制的质量等级

UGR 的数值	对应眩光程度的描述	视觉要求和场所示例
<13	没有眩光	手术台、精细视觉作业
13~16	开始有感觉	使用视频终端、绘图室、精品展厅、珠宝柜台、控制室、颜色检验
17~19	引起注意	办公室、会议室、教室、一般展室、休息厅、阅览室、病房
20~22	引起轻度不适	门厅、营业厅、候车厅、观众厅、厨房、自选商场、餐厅、自动扶梯
23~25	不舒适	档案室、走廊、泵房、变电站、大件库房、交通建筑的入口大厅
26~28	很不舒适	售票厅、较短的通道、演播室、停车区

（4）照度的稳定性。

照度的不稳定性主要由光源光通量的变化所导致，照度变化引起的照明忽明忽暗，不但会分散工作人员的注意力，对工作不利，而且会造成视觉疲劳，因此，该对照度的稳定性给予保证。

（5）频闪效应的消除。

随着电压电流的周期性变化，气体放电灯的光通量也会发生周期性的变化，这使人的视觉产生明显的闪烁感觉。当被照物体处于转动状态时，就会使人眼对转动状态的识别产生错觉，特别是当被照物体的转动频率是灯光闪烁频率的整数倍时，转动的物体看上去像不转动一样，这种现象称为频闪效应。

在采用气体放电光源时，应该采取措施，降低频率效应。通常把气体放电光源采用分相接入电源的方法。如 3 根日光灯管分别接在三相电源上，或者将单相供电的两根灯管采用移相接法。

3. 电源电压

通常情况下，照明光源的电源电压应该采用 220V。1500W 及以上的高强度气体放电灯的电源电压宜采用 380V。

移动式和手提式灯具应该采用Ⅲ类灯具，用安全特低电压供电，其电压值应符合以下要求。

（1）在干燥场所不大于 50V。

（2）在潮湿场所不大于 25V。

4. 应急照明

应急照明的电源，应根据应急照明类别、场所使用要求及该建筑物电源条件，采用以下方式之一。

（1）接自电力网有效地独立于正常照明电源的线路。

（2）蓄电池组，包括灯内自带蓄电池、集中设置或分区集中设置的蓄电池装置。

（3）应急发电机组。

（4）以上任意两种方式的组合。

疏散照明的出口标志灯和指示标志灯宜用蓄电池电源。安全照明的电源应和场所的电力线路分别接自不同变压器或不同馈电干线。备用照明电源宜采用独立于正常照明电源的线路或者应急发电机组方式。

5. 照明网络

（1）配电系统。

1）照明配电系统宜采用放射式和树干式相结合的系统。

2）三相配电干线的各相负荷宜分配平衡，最大相负荷不宜超过三相负荷平均值的 115%，最小相负荷不宜小于三相负荷平均值的 85%。

3）照明配电箱宜设置在靠近照明负荷中心便于操作维护的位置。

4）每一照明单相分支回路的电流不宜超过 16A，所接光源数不宜超过 25 个；

连接建筑组合灯具时，回路电流不宜超过 25A，光源数不宜超过 60 个；连接高强度气体放电灯的单相分支回路的电流不宜超过 30A。

5）插座不宜和照明灯连接在同一分支回路。

（2）导体选择。照明配电干线和分支线，应该采用铜芯绝缘电线或电缆，分支线截面不应小于 1.5mm²。

（3）照明控制。

1）公共建筑和工业建筑的走廊、楼梯间、门厅等公共场所的照明，宜采用集中控制，并按建筑使用条件和天然采光状况采取分区、分组控制措施。

2）体育馆、影剧院、候机厅、候车厅等公共场所应采用集中控制，并按需要采取调光或降低照度的控制措施。

3）旅馆的每间（套）客房应设置节能控制型总开关。

4）居住建筑有天然采光的楼梯间、走道的照明，除应急照明外，宜采用节能自熄开关。

5）每个照明开关所控光源数量不宜太多。每个房间灯的开关数不宜少于两个，只设置一个光源的除外。

5.1.6　动力及照明设备的图示方法

在绘制动力及照明平面图或者系统图时，应该选用国家制图标准规定的各类图例来表示动力设备或照明设备。

动力设备图例的类型见表 5-5。

表 5-5　　　　　　　　　　　　　动力设备图例

名称	图例	名称	图例
风扇；风机		电能表	 Wh
接地符号		整流器	
接线盒		电动机启动器	
信号板、箱、屏	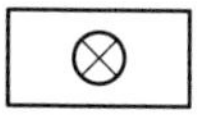	地面接线盒	
电磁阀	 M	钟	
直流发电机	 G	电弧炉	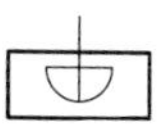

名称	图例	名称	图例
管道泵		风机盘管	
窗式空调器		逆变器	
双联插座		变压器	
四联插座		直流电焊机	
空调插座		母钟	
单相暗敷插座		电锁	
插座箱		风机盘管	
防爆单相插座		调节启动器	
电热水器		三联插座	
配电屏		带保护极的电源插座	
电铃		单相插座	
电阻箱		单相防爆插座	
电动阀		电信插座	
电磁制动器		地面插座	

照明设备图例的类型见表 5-6。

表 5-6 照明设备图例

名称	图例	名称	图例
单联单控开关		吸顶灯	
三联单控开关		花灯	
暗装单联单控开关		普通灯	
带指示灯的开关		墙上座灯	
定时开关		天棚灯	
带指示灯的按钮		双联单控开关	
钥匙开关		多联单控开关	
双控开关		防爆开关	
双联、三联、四联开关		双控单极开关	
单管荧光灯		按钮	
五管荧光灯		延迟开关	
三管格栅灯		中间开关	
嵌入式方格栅顶灯		开关	
聚光灯		防爆单极开关	
灯		双管荧光灯三管荧光灯	
隔爆灯		单管格栅灯	

名称	图例	名称	图例
应急疏散指示照明灯	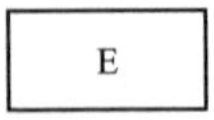 E	球形灯	 ●
投光灯	 ⊗	安全灯	 ⊖
泛光灯	 ⊗	嵌入筒灯	 ⊘
防水防尘灯	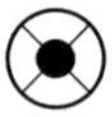 ⊙	弯灯	
壁灯	 ⊖	防爆荧光灯	━━

5.2 认识室内的配电线路

本节介绍室内配电线路的相关知识，如室内配线方式的类型、绝缘导线的类型及用法等。

5.2.1 室内的配线方式

室内的配线方式是指动力和照明线路在建筑物内的安装方式。根据建筑物的结构及要求不同，室内配电方式可以分为明配线和暗配线两种。

在建筑物内一般采用穿管暗配线及穿管或金属线槽明配线的配线方式。

1. 穿保护管暗配线

穿保护管暗配线，即把穿线管敷设在墙壁、楼板、地面等的内部，要求管路短、弯头少，并且不外露。暗配线通常采用阻燃硬质塑料穿线管或者金属管。敷设时，保护层厚度不小于15mm。配管时应该注意，根据管路的长度、弯头数量等因素，在管路的适当部位预留接线盒。

其中，设置接线盒的原则如下所述。

（1）安装电器的位置应设置接线盒。

（2）线路分支处或导线规格改变处要设置接线盒。

（3）水平敷设管路遇到下列情况的其中之一时，中间应该增设接线盒，并且接线盒的位置应该便于穿线。

  a. 管子长度每超过 30m，无弯头。

  b. 管子长度每超过 20m，有一个弯头。

  c. 管子长度每超过 15m，有两个弯头。

  d. 管子长度每超过 8m，有三个弯头。

  （4）垂直敷设的管路遇到下列情况的其中之一时，应该增加固定导线的接线盒。

  a. 导线截面 50mm^2 及以下，长度每超过 30mm。

  b. 导线截面 70~90mm^2，长度每超过 20m。

  c. 导线截面 120~240mm^2，长度每超过 18m。

  管子穿过建筑物变形缝时应增设接线盒。

  2. 金属线槽配线

  （1）金属线槽内的导线敷设，不应该出现挤压、扭结、损伤绝缘等现象，应该将放好的导线按回路或者系统整理成束，做好永久性的编号标记。

  （2）线槽内的导线规格数量应该符合设计规定。当设计无规定时，导线总截面积（包括绝缘层），强电不宜超过槽截面积的 20%，截流导体的数量不宜超过 30 根，弱电不宜超过槽截面积的 50%。

  （3）多根导线在线槽内敷设时，截流量将会明显下降。导线的接头，应该在线槽的接线盒内进行。

  （4）截流导线采用线槽敷设时，因为导线数量多，散热条件差，截流量会有明显的下降，设计施工时应该充分地注意这一点，不然将会给工程留下安全隐患。

  （5）金属线槽应可靠接地，金属线槽与保护地线（PE 线）连接应不少于两处，线槽的连接处应该做跨接。金属线槽不可以作为设备的接地导体。

  5.2.2　绝缘导线

本节介绍绝缘导线的相关知识，如绝缘导线的各种类型、主要用途。

  1. 绝缘导线的分类

常用绝缘导线的分类有以下几种。

  （1）橡皮绝缘导线型号：BLX 铝芯橡皮绝缘导线、BX 铜芯橡皮绝缘线。

  （2）聚氯乙烯绝缘导线（塑料线）型号：BLX 铝芯塑料线、BV 铜芯塑料线。

绝缘导线有铜芯、铝芯两类，常用于室内布线，工作电压一般不超过 500V。

  2. 绝缘导线的型号

常用绝缘导线的型号及用途见表 5-7。

表 5-7 常用绝缘导线的型号及用途

型号	名称	主要用途
BV	铜芯聚氯乙烯绝缘导线	用于交流 500V 及直流 1000V 及以下的线路中，供穿钢管或 PVC 管，明敷或者暗敷
BLX	铝芯聚氯乙烯绝缘导线	
BVV	铜芯聚氯乙烯绝缘聚氯乙烯护套电线	用于交流 500V 及直流 1000V 及以下的线路中，供沿墙、沿平顶、线卡明敷用
BLVV	铝芯聚氯乙烯绝缘护套电线	
BVR	铜芯聚氯乙烯软线	与 BV 相同，安装要求柔软时使用
RV	铜芯聚氯乙烯绝缘软线	供交流 250V 及以下各种移动电器接线用，大部分用于电话、广播、火灾报警等，前三者常用 RVS 绞线
RVS	铜芯聚氯乙烯绝缘绞型软线	
BXF	铜芯氯丁橡皮绝缘线	具有良好的耐老化性和不延燃性，并具有一定的耐油、耐腐蚀性能，适用于用户敷设
BLXF	铝芯氯丁橡皮绝缘线	
BV-105	铜芯耐 105℃ 聚氯乙烯绝缘电线	供交流 500V 及直流 1000V 及以下电力、照明、电工仪表、电信电子设备等温度较高的场所使用
BLV-105	铝芯耐 105℃ 聚氯乙烯绝缘电线	
RV-105	铜芯耐 105℃ 聚氯乙烯绝缘软线	供 250V 及以下的移动式设备及温度较高的场所使用

5.3 动力平面图识读实例

本节介绍动力平面图的识读方法，分别介绍进户线及配电柜、集中计量箱、用户分户箱的工作原理。

5.3.1 认识进户线及配电柜

进户线是建筑电气系统重要的电气线路之一，为建筑物提供电源。电源经进户线进到配电柜，经过配电柜将电源输送至各用电设备。

阅读建筑配电平面图时，按照电源入户方向来阅读，其阅读顺序为，进户线→配电箱（柜）→支路→支路上各类用电设备。

如图 5-9 所示为配电柜 AP1 配电系统图的绘制结果，以下为其识读过程。

通过阅读图 5-9，可以知道配电柜 AP1 的电源由变电室引入，经过隔离开关 GL-400A/3J 后分成两个分支输出。在输出回路上设置了断路器，以保护线路。

输入回路导线为 4 芯截面积为 185mm² 的交联聚乙烯绝缘钢带铠装聚乙烯护套电力电缆，该电缆穿过直径为 100mm 的焊接钢管埋入地下 0.8m 后引入配电室。

在电源引入建筑物入口处重复接地，并将接地装置使用直径为 12mm 的镀锌

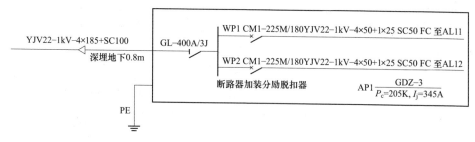

图 5-9　配电柜 AP1 配电系统图

圆钢埋入地下 2.5m 深后与总电源箱连接。在总电源箱柜后把工作中性线（N线）及保护地线（PE 线）分开，由此形成三相五线制输出。

WP1 与 WP2 为配电线输出回路，两个断路器 CM1-225M 的自动脱扣电流值根据实际负载计算电流的不同分别被调在 180A 和 160A。

其中，WP1 与 WP2 回路分别采用 4 芯截面积为 50mm^2 和 1 芯截面积为 25mm^2 的交联聚乙烯绝缘钢带铠装聚乙烯护套电力电缆，穿过直径 25mm 的焊接钢管沿着地面暗敷到 AL11 与 AL12 集中计量箱。

5.3.2　认识集中计量箱

如图 5-10 所示为某住宅 AL11 集中计量箱接线图的绘制结果，以下介绍其识读过程。

通过阅读图 5-10，可以知道计量箱的型号为 MJJG-11，总用电负荷为 112kW，计算电流为 189A。其中，进线回路来自 AP1 配电柜的 WP1 回路，图 5-10 中进线回路的导线标注与图 5-9 对应回路的标注一致。计量柜的外壳必须做安全接地。

在计量箱的进线回路安装有型号为 CM1-225M 的断路器，为了保证继电保护动作顺序由低到高，脱扣电流比 AP1 配电柜中该回路断路器的脱扣电流小 20A，即脱扣电流整定位 160A。

计量箱中每个输出回路接至一个用户分配箱 1~10 层输出回路中，每个回路除了功率计量表之外，还装有一个 S252S-B40 两级断路器，其额定脱扣电流为 40A。

每个输出回路导线类型及布线方式为 BV-500V-3×10SC20WC，即采用三根截面积为 10mm^2 耐压 500V 的聚氯乙烯绝缘铜线，穿过直径为 20mm 的钢管沿墙暗敷。

在 11 层回路上安装了型号为 S252S-B63 的断路器，其额定脱扣电流为 63A，输出回路导线类型及布线方式为 BV-500V-3×16SC25WC，即采用三根截面积为

16mm² 耐压 500V 的聚氯乙烯绝缘铜线，穿过直径为 25mm 的钢管沿墙暗敷。

图 5-10 中还表示 1~4 层负荷接在 L1 相上，5~8 层接在 L2 相上，9~11 层接在 L3 相上。

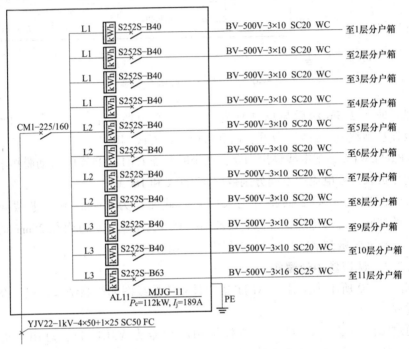

图 5-10　AL11 集中计量箱接线图

5.3.3　认识用户分户箱

如图 5-11 所示为某住宅 10kW 分户箱系统接线图的绘制结果，以下介绍其识读方式。

通过阅读图 5-11 可以得知，进线回路导线采用 BV-500V-3×10SC20WC，即采用三根截面积为 10mm² 耐压 500V 的聚氯乙烯绝缘铜线，穿过直径为 20mm 的钢管沿墙暗敷。分户箱必须做安全接地。

在分户箱内设置了两级断路器来保护，其中总回路断路器脱扣电流设定为 40A，每个输出回路的断路器脱扣电流设置为 16A。

图 5-11 表示插座、空调、卫生间插座和厨房插座回路共用一个剩余电流动作保护器，其型号为 DS252S-40/0.03，漏电电流为 30mA。

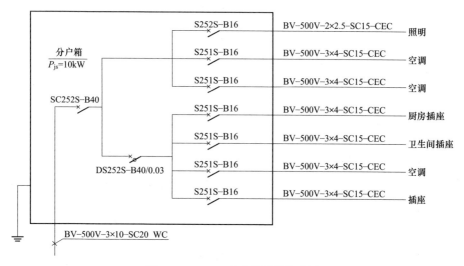

图 5-11 10kW 分户箱系统接线图

5.4 动力及照明施工图识读实例

本节介绍动力及照明施工图的识读方法，首先介绍动力与照明系统图的特点，然后分别介绍车间动力配电箱系统图、住宅楼照明系统图、动力与照明平面图的识读步骤。

5.4.1 动力与照明系统图的特点

动力与照明系统图是用来表示建筑物内动力、照明系统或者分系统的基本组成、相互关系以及主要特征的一种简图，使用图形符号来绘制。

动力与照明系统图集中反映了动力及照明的安装容量，以及计算电流、计算容量、配电方式、导线或者电缆的型号、数量、规格、敷设方式、穿管管径、开关、熔断器的规格型号等的信息。

本节以车间动力配电箱系统图以及住宅楼照明系统图为例，介绍其识读方法。

5.4.2 识读车间动力配电箱系统图

动力系统图表现了电源进线、各引出线的相关信息等，如图 5-12 所示为工厂机械加工车间动力配电箱系统图的绘制结果，以下介绍其识读步骤。

（1）在系统图上方的标注文字"由 1 号配电箱引入"显示，车间动力配电箱的电源来自 1 号配电箱。

（2）电源进线左侧的标注文字表示了导线的型号，即三相四线制的 380V 的

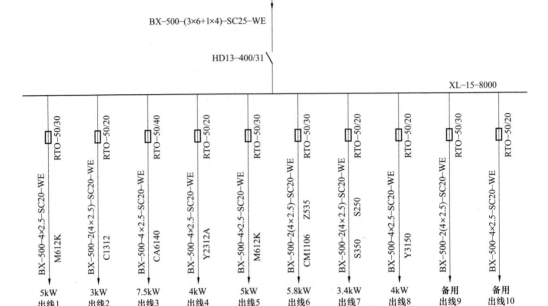

图 5-12　动力配电箱系统图

三相交流电，导线的材质为橡皮绝缘铜线（即 BX），引入后穿过直径为 25 的焊接钢管（即 SC）。进线的额定电压为 500V，通过 BX 后标注文字 500 可以得知。

（3）电源进线上设置了三极单投刀开关，开关型号为 HD13-400/31，其中额定电流为 400A。

（4）中线水平导线为母线，在母线的右上角标注了配电箱的型号，即 XL-15-8000。

（5）母线下方显示了 10 回引出线，从左至右，出线 1~出线 8 投入使用，出线 9~出线 10 为备用线路，可以在现行系统发生故障时启用，保证系统的正常运行。

（6）10 回引出线的电缆型号一致，均为 BX-500-(4×2.5)-SC20-WE。

（7）在引出线上分别设置熔断器以进行短路保护，熔断器的型号为 RTO-50/20、RTO-50/30、RTO-50/40；其中，50 表示熔断器的额定电流为 50，20、30、40A 则表示熔断器额定电流根据负荷的大小分别为 20、30、40A。

（8）各出线负载见表 5-8。

5.4.3　识读住宅楼照明系统图

如图 5-13 所示为照明配电系统图的绘制结果，以下介绍其识读步骤。

表 5-8　　　　　　　　　　　　　　　　各出线负载

出线编号	负荷名称	负荷大小/kW	熔断器型号	熔体额定电流/A
出线 1	M612K 磨床	5	RTO-50/30	30
出线 2	C1312 机床	3	RTO-50/20	20
出线 3	CA6140 车床	7.5	RTO-50/40	40
出线 4	Y2312 滚齿床	4	RTO-50/20	20
出线 5	M612K 磨床	5	RTO-50/30	30
出线 6	CM1106 车床和 Z535 钻床	3+2.8	RTO-50/20	30
出线 7	S350 和 S250 螺纹加工机床	1.7×2	RTO-50/20	20
出线 8	Y3150 滚齿床	4	RTO-50/20	20
出线 9	备用		RTO-50/30	30
出线 10	备用		RTO-50/20	20

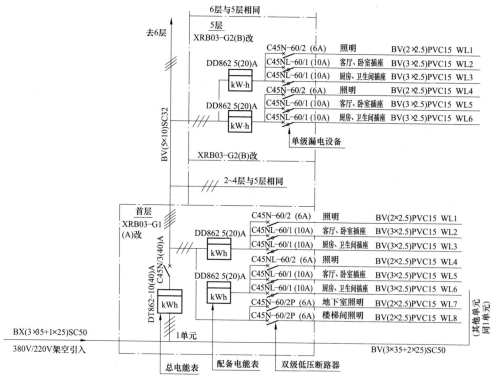

图 5-13　照明配电系统图

（1）配电系统概述。通过左下角引入导线上的标注文字"BX（3×35+1×25）

SC50"可以得知，配电系统采用三相四线制，以架空的方式引入。导线为 3 根截面为 35mm² （即 3×35）和 1 根 25mm²（1×25）的橡皮绝缘铜线（即 BX），引入后穿直径为 50mm 的焊接钢管（即 SC50），引入至第一单元的总配电箱。

引入导线一直延伸至右侧，表示由第一单元总配电箱经导线穿管后将电源引入第二单元总配电箱中。通过右下角的标注文字"BV（3×35+2×25）SC50"可以得知，导线为 3 根截面 35mm² 的相线和 2 根（N 线和 PE 线）截面 25mm² 塑料绝缘铜线（即 BV），穿越直径为 50mm 的焊接钢管（即 SC50），连接两个单元的总配电箱。

右下角的垂直标注文字"其他单元同 1 单元相同"，表示其他单元总配电箱的电源取得与 1 单元相同。

（2）识读步骤。

1）本系统采用两种类型的配电箱。首层使用的配电箱型号为 XRB03-G1（A）型改制（见虚线框内左上角标注文字），配备单元总计量电能表，并添加地下室照明和楼梯间照明回路。2~6 层使用的配电箱型号为 XRB03-G2（B）型改制（见系统图左上角的标注文字），与首层不同，未配备单元总计量电能表。

2）首层的 XRB03-G1（A）型配电箱配备了一块三线四相的总电能表 DT862-10（40）A，在电能表的上方设置了总控三极低压断路器 CN45/3（40A）。

3）读图方向右移，可以看到所配备的两个电能表，型号为 DD8625（20）A。

4）首层一共有三个回路，从上往下数，第一、二个回路配备了电能表，第三个回路未配备电能表。

5）有电能表的两个回路分别为首层两个住户提供电源，没有电能表的回路为 1 单元各层楼梯间和地下室的公共照明提供电源。

6）每个回路还分出若干回路，其中，有电能表的回路分出三个支路（WL~WL6），没有电能表的回路分出两个支路（WL8~WL9）。

7）在照明支路上设双极低压断路器，其型号为 C45N-60/2，整定电流为 6A。

8）在插座支路上设单极漏电开关，型号为 C45NL-60/1，整定电流为 10A。

9）通过支路上的标注文字"BV（2×2.5）PVC15"可以得知，由配电箱引至各个支路的导线均采用塑料绝缘铜线（BV）穿阻燃塑料管（PVC），其管径为 15。

10）系统图中间回路导线上的标注文字"2~4 层与 5 层相同"，表示 2~4 层的配电方案与 5 层一致。2~4 层的配线信息可以参考 5 层的电路走向以及设备的配置。

11）5 层使用的配电箱型号为 XRB03-G2（B）型，有两个回路，未设总电能表，仅设配置电能表。

12）两个回路一共分出六个支路，类型有照明与插座，其断路器的信号、导线的类型与首层相同。

5.4.4　动力与照明平面图的识读特点

在识读动力与照明平面图时应该注意以下几点。

（1）阅读动力与照明系统图。通过阅读动力与照明系统图，可以了解各系统设备之间的相互关系，并对整个系统有一个初步的了解。

（2）阅读设计说明与图例。设计说明以段落文字的方式介绍了工程的概况，其中包括工程的一些基本信息，如地点、承建单位、工程等级等，此外也要仔细阅读主要描述工程情况的文字，包括工程所遵照的设计依据、施工工艺、所使用的材料等。电气图纸均由相关的图例符号来表示，因此，熟悉各类图形符号所表达的意思至关重要。

（3）了解电气工程的基本情况。通过阅读平面图，需要获知以下信息，如电气设备（如灯具、插座）在建筑物内的分布与安装位置、电气设备的型号、规格、性能、特点及对安装的各项技术要求。

（4）了解线路的连接情况。在开始阅读平面图时，首先从配电箱开始，逐条支路的查看，弄清楚各支路的负荷分配及连接情况，知晓各个设备属于哪条支路的负荷，还需要明白各设备之间的相互关系。

（5）阅读安装大样图。动力与照明平面图仅表示线路的敷设位置、敷设方式导线规格型号等信息，假如需要了解设备的详细安装方式，则需要阅读各设备安装大样图。应该在阅读平面图时与大样图相结合，以对具体的施工工艺有具体的了解。

5.4.5　识读动力平面图

动力平面图表示电动机、机床等各种动力设备、配电箱的安装位置，此外，供电线路的辐射路径及辐射方法也要在图上表示。值得注意的是，动力平面图中所表示的管线是敷设在本层地板中，或者是敷设在电缆沟或电缆夹层中，一般不采用沿墙暗敷或者明敷的方式。

如图5-14所示为车间动力平面图的绘制结果，与图5-12所示的动力系统图相对应，以下介绍其识读步骤。

（1）动力配电箱位于平面图的右下角，即A轴与3轴的交点。

（2）配电箱电源进线由右侧引入，通过配电箱引出的线段以及线段上的标注文字可以得知该信息。

（3）连接设备与配电箱的动力管线的型号标注在导线的一侧，均为BX-500-（4×2.5）-SC20-WE，此处可以与图5-12动力系统图中的各回路相对照，可在

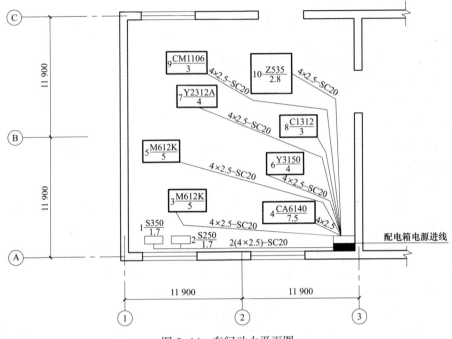

图 5-14 车间动力平面图

图 5-12 中了解导线及其上设备的相关信息。

（4）各车床、磨床等机械的外形较为复杂，因此，在平面图上不需要详细表现其外形细节，仅绘制其外形轮廓即可。需要注意的是，设备的外形轮廓、位置与实际应相符合。

（5）在设备轮廓图中或者设备轮廓图一侧绘制设备型号标注文字，以方便对各类设备进行区分。

（6）设备型号标注文字解释如下。

a. 1——表示设备的编号，如图中的设备编号为 1~10。

b. S350——表示设备的型号，如图中其他设备的型号还有 M612K、CA6140 等。

c. 1.7——表示设备的容量，设备其他类型的容量还有 7.5、5、4 等。

车间设备数据见表 5-9。

表 5-9   车间设备数据

设备编号	负荷名称	负荷大小/kW	所在回路号
1	S350 螺纹加工机床	1.7	7

设备编号	负荷名称	负荷大小/kW	所在回路号
2	S250 螺纹加工机床	1.7	7
3	M612K 磨床	5	1
4	CA6140 车床	7.5	3
5	M612K 磨床	5	5
6	Y3150 滚齿床	4	8
7	Y2312 滚齿床	4	4
8	C1312 车床	3	2
9	CM1106 车床	3	6
10	Z535 钻床	2.8	6

5.4.6 识读照明平面图

如图 5-15 所示为绘制完成的住宅楼照明平面图，本节介绍其识读步骤。

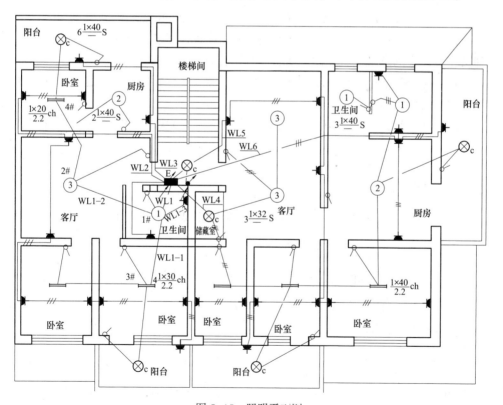

图 5-15 照明平面图

（1）识读各支路。

1）认识配电箱 E。由图 5-15 可知，该建筑物电源由配电箱 E 供给。从配电箱 E 中一共引出六条支路，分别为 WL1 ~ WL6，各支路所承担的负荷都不同。

2）WL1 支路。WL1 支路为照明支路，为左侧住户提供照明电源。该支路上一共有八盏灯，从左上角开始统计，阳台、卧室、厨房、客厅、卫生间以及左下角的两个卧室以及一个阳台，分别使用①、②、③、$\otimes_c$、━ 来表示不同类型的灯具。

3）WL2、WL3 支路。WL2、WL3 支路为插座提供电源。电源由配电箱 E 引出，经由 WL2、WL3 支路，为建筑物内的插座输送电源。在识读 WL2、WL3 支路时，可以以配电箱 E 为起点，循着支路来阅读。

4）WL4 支路。WL4 支路为照明支路，为右侧住户提供照明电源。在 WL4 线路上，分别使用①、②、③、$\otimes_c$、━ 符号来表示各空间内的照明灯具，如阳台的吸顶灯、卧室的荧光灯等。

5）WL5、WL6 支路。WL5、WL6 支路为插座提供电源。

（2）了解标注文字的含义。在照明平面图中标注了若干文字，假如不了解这些文字所代表的意义，就会读不懂图形所代表的意义。

1）在卧室、卫生间、客厅内标注有 1#、2#、3#、4#的字样，这表示这些区域需要安装分线盒。

2）卫生间内的灯具均用①来表示，此外还标注了灯具的安装个数以及安装方式，即 $3\frac{1\times40}{-}S$，含义为，一共有三盏此种类型的灯，灯泡的功率为 40W，安装方式为吸顶安装。

3）厨房内的灯具使用②来表示，安装信息以 $2\frac{1\times40}{-}S$ 表示，含义与上述相同，只不过此处只有两盏此种类型的灯。

4）客厅内的灯具使用③来表示，安装信息以 $3\frac{1\times32}{-}S$ 表示，含义为，灯的盏数为三，功率为 32W，安装方式为吸顶安装。

5）卧室内的灯具━符号来表示，为双管荧光灯，安装方式为链吊安装，安装信息以 $4\frac{1\times30}{2.2}ch$ 表示，含义为，灯具的功率为 30W，盏数位四盏，安装高度为 2.2m。因为卧室灯具的功率不尽相同，如 20、30、40W 三种，因此安装信息的标注方式也有所差别，但是可以按照上述的讲解来识读。

（3）导线根数的识读。在导线上绘制斜线来表示导线的根数，如在导线上绘制三根斜短线，则表示管内导线有三根，以此类推。未在导线上绘制短斜线的则表示管内有两根导线穿过。

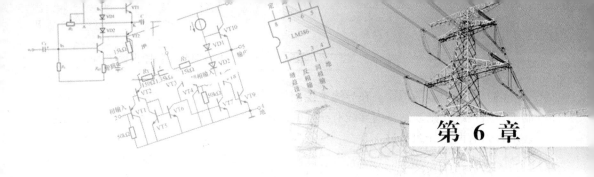

第 6 章

防雷接地工程图识读实例

本章介绍防雷接地工程的相关知识，如雷电的基础知识、防雷的知识，以及各类工程图的识读方法，如防雷工程图、接地工程图、等电位联结工程图。

6.1 雷电的基础知识

本节介绍雷电的基础知识，如雷电的含义、雷电的形成、雷电的危害等。

6.1.1 什么是雷电

雷电是带有电荷的云层相互之间或者对大地产生急剧放电的自然现象。雷电一般产生于对流发展旺盛的积雨云中，因此常伴有强烈的阵风和暴雨，有时还伴有冰雹和龙卷风。此外，雷电还能产生强烈的闪光、霹雳，落到地面上会击毁房屋、伤害人畜，具有极大的破坏性。所以建筑物、电气设备与线路必须采取重要的安全保护措施以防止雷电对其造成的危害。

6.1.2 雷电的形成

天空中云层之间的相互告诉运动、剧烈摩擦，使得高端云层和低端云层带上相反的电荷。此时，低端云层在其下面的大地上也感应出大量的异种电荷，形成一个极大的电容，当场强达到一定强度时，就会产生对地放电，这就是常见的雷电现象。

雷电的放电过程产生强烈的闪电并伴随巨大的声音。雷电对建筑物、电子电气设备和人、畜的危害极大。

6.1.3 雷电的危害

直击雷引起的热效应、机械力效应、反击、跨步电压，以及雷电流引起的静电感应、电磁感应，直击雷或感应雷沿架空线路进入建筑物的高电位引入，这些现象都会引起损坏建筑物、损坏设备、伤害人畜等严重后果。

1. 雷电流的热效应

因为雷电电流大，作用的时间短，并且产生的热量使得接雷器导体的温度升高。雷电通道的温度可以高达 6000~10 000℃，可以烧穿 3mm 厚的钢板，可以使草房和木房、树木等燃烧，引起火灾。所以接雷器的导体面积必须合理选用，否则会由于接雷引起的高温而熔化。

2. 雷电流的机械效应

发生雷击时，雷电流会产生很强的机械力。产生机械力的原因有很多，其中一个原因是遭受雷击的物体由于瞬间升温，使得内部的水分气化产生急剧地膨胀，从而引起巨大的爆破力。所以会出现雷击将大树劈开、将山墙击倒或者使建筑物屋面部分开裂等现象。

3. 防雷装置上的高电位对建筑物等的反击

当防雷装置遭受雷击时，在接闪器、引下线以及接地装置上产生很高的电压，当雷电离建筑物及其他金属管道距离较近时，防雷装置上的高压就会将空气击穿，对建筑物及金属管道造成破坏，这就是雷电的反击。

因此当建筑物、金属管道与防雷装置不相连时，则应离开一段距离，防止雷电反击现象的出现。

4. 跨步电压及接触电压

遭受雷击时，接地体将雷电导入地下。在其周围的地面就会有不同的电位分布，离接地极越近，电位越高，离接地极越远，电位越低。当人们在接地极附近跨步时，由于两脚所处的电位不同，在两脚之间就存在电位差，这就是跨步电压。

跨步电压加在人体上，就有电流流过人体。当雷击时产生的跨步电压超过人身体所能承受的最大电压时，人就受到伤害。

接触电压指在雷击接闪时，被击物或防雷的引流导体都具有很高的电位，如果此时人接触该物体，就会在人体接触部位与脚站立地面之间行成很高的电位差，使部分雷电流分流到人体内，这就会造成伤亡事故。

5. 静电感应及电磁感应

静电感应和电磁感应是雷电的二次效应。因为雷电流具有很大的幅度和陡度，在它的周围空间行程强大变化的电场和磁场，因此会产生电磁感应和静电感应。

假如在10kV及以下的线路上感应较高的电动势，就会导致绝缘的击穿，造成设备的损坏。在雷击前，雷云和大地之间会造成强大的电场，这时地面凸出物的表面会感应出大量与雷云极性相反的电荷。雷云放电后，电场消失，如若大建筑物上的感应电荷来不及泄放，便形成静电感应电压，此值可以达到 100 ~ 400kV，同样会造成破坏事故，因此，在防直击雷的同时还要防感应雷。

6. 架空线路的高电位引入

电力、通信、广播等架空线路，受雷击时产生很高的电位，形成电压电流行波，沿着网络线路引入建筑物，这种行波会对电气设备造成绝缘击穿，烧坏变压器，并破坏设备，引起触电伤亡事故，甚至造成损坏建筑物等事故。

6.2 建筑物的防雷知识

本节介绍建筑物的防雷知识，如防雷等级的划分、年预计雷击次数的概念、建筑物易受雷击部位的位置、各类防雷措施等。

6.2.1 防雷等级

根据建筑物的重要性、内容及雷击后果的严重性以及遭受雷击的概率大小等因素综合考虑，我国防雷标准将建、构筑物划分为三类不同的防雷类别，以便规定不同的雷电防护要求和措施。各种建筑物的防雷等级见表 6-1。

表 6-1 建筑物防雷等级

级别	说　明
一级防雷建筑物	（1）具有特别重要用途的建筑物。如国家级的会堂、办公建筑、档案馆、大型博展建筑；特大型、大型铁路旅客站；国际性的航空港、通信枢纽；国宾馆、大型旅游建筑、国际港口客运站等 （2）国家级重点文物保护的建筑物和构筑物 （3）高度超过 100m 的建筑物
二级防雷建筑物	（1）重要的或人员密集的大型建筑物。如省部级办公大楼、省级会堂、档案馆、博物馆、展览馆、体育、交通、通信、广播等建筑，以及大型商店、影剧院等 （2）省级重点文物保护的建筑物和构筑物 （3）19 层以上的住宅建筑和高度超过 50m 的其他民用建筑物 （4）省级及以上的大型计算机中心和装有重要电子设备的建筑物
三级防雷建筑物	（1）当年计算雷击次数大于等于 0.05 次，或通过调查确认需要防雷的建筑物 （2）建筑群中最高或位于建筑群边缘高度超过 20m 的建筑物 （3）高度超过 15m 的烟囱、水塔等孤立的建筑物或构筑物。在雷电活动较弱的地区，即年平均雷暴日不超过 15 天，其高度可为 20m 及以上 （4）历史上雷害事故严重地区或雷害事故较多地区的重要建筑物

6.2.2 年预计雷击次数

年预计雷击次数是指在一年内，某建筑物单位面积内遭受雷电袭击的次数，具体数值与建筑物等效面积、当地雷暴日及建筑物地况有关。

年预计雷击次数是建筑防雷必要性分析的一个指标。

6.2.3 建筑物易受雷击的部位

建筑物的性质、结构以及建筑物所处的位置等都对落雷有很大的影响，特别是建筑物楼顶坡度与雷击部位关系较大。

建筑物易受雷击的部位如下。

（1）平面屋或者坡度不大于 1/10 的屋面的檐角、女儿墙、屋檐，如图 6-1 所示。

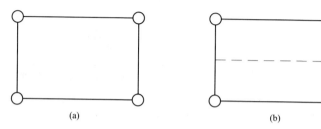

(a)　　　　　　　　　(b)

图 6-1　建筑物易受雷击部位
（a）平屋面；（b）坡度不大于 1/10 的屋面

（2）坡度大于 1/10 且小于 1/2 屋面的屋角、屋脊、檐角、屋檐，如图 6-2 所示。

（3）坡度大于 1/2 的屋面的屋角、屋脊、檐角，如图 6-3 所示。

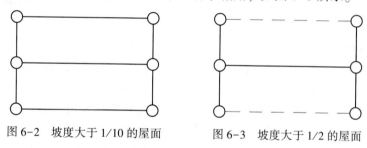

图 6-2　坡度大于 1/10 的屋面　　　图 6-3　坡度大于 1/2 的屋面

6.2.4　防雷措施

建筑物按照防雷等级的不同被划分为三级，即一级防雷建筑物、二级防雷建筑物、三级防雷建筑物。每一级别的防雷建筑物均有其对应的防雷措施，本节介绍之。

1. 一级防雷建筑物的保护措施

（1）防直击雷。一级防雷建筑预防直击雷的保护措施见表 6-2。

表 6-2　　　　　　　　　　　防直击雷的保护措施

措施	说明
接闪器	（1）在易遭受雷击的屋面、屋脊、女儿墙、屋面四周的檐口设置避雷带，并在屋面设置金属网格与避雷带相连，作为防直击雷的接闪器 （2）对凸出屋面的物体沿四周设置避雷带 （3）屋面板金属作为接闪器使用时，为防止金属板被雷击穿孔，钢的厚度应不小于 4mm，铜的厚度不小于 5mm，铝的厚度不下于 7mm （4）当建筑物的高度超过 30m 时，30m 及以上部分外墙上的栏杆、金属门窗等较大的金属物应直接或通过金属门窗埋铁与防雷接地装置连接，以用作防侧击雷和等电位措施

措施	说明
引下线	（1）引下线暗敷设在外墙粉刷层内时，截面应加大一级 （2）建筑物室外的金属构件（如消防电梯等）、金属烟囱、烟囱的金属爬梯等可以作为避雷引下线来使用，但是要确保各部件之间形成电气通路 （3）避雷引下线应首先考虑使用柱内钢筋，当钢筋直径为16mm及以上时，应利用其中两根钢筋焊接为一组饮下线；当钢筋直径为10mm及以下时，要利用其中4根钢筋焊接作为一组引下线
接地装置	（1）接地体应镀锌，焊接处应涂防腐漆。在腐蚀性较强的土壤中，还应适当加大其截面或采取其他防腐措施 （2）水平及垂直接地体距离建筑物外墙、出入口、人行道的距离不要小于3m。假如不能满足要求，可以加深接地体的埋设深度 （3）利用建筑物基础钢筋网做接地体时应满足各类条件，如基础采用硅酸盐水泥且周围土壤含水率不低于4%，以及基层外表无防腐层或沥青质的防腐层等

（2）防感应雷及高电位反击。防感应雷及高电位反击使用的最多的方法是采用总等电位连接。该方法是将建筑物的柱、圈梁、楼板、基础的主筋（其中两根）相互焊接，其余的都绑扎成电气通路，柱顶主筋与避雷带焊接，所有变压器（10/0.4kV）的中性点、电子设备的接地点、进入或引出建筑物的管道、电缆等线路的保护地线（PE线）都通过建筑物基础一点接地。

（3）防止高电位从架空线路引入。低压线路宜全线采用电缆直接埋地敷设，在入户端将电缆的金属外皮、钢管接到防雷电感应的接地装置上。当全线采用电缆有困难时，可以采用架空线，但在引入建筑物处应改成电缆埋地引入，电缆埋地长度不应小于15m。在电缆和架空线路连接处，应该装设避雷器。避雷器、电缆金属外皮、钢管和绝缘子铁脚等应接到一起接地，其冲击接地电阻不应大于10Ω。

2. 二级防雷保护措施

二级防雷建筑物的保护措施见表6-3。

表6-3　　　　　　　　　　　二级防雷建筑物的保护措施

类型		说明
防直击雷	接闪器	在屋面设置15m×15m的网格，与屋面避雷带相连，作为防直击雷的接闪器。也可在屋面上装设避雷针或者避雷针与避雷带相结合的接闪器，并把所有的避雷针与避雷带相互连接起来
	引下线	专设引下线时，其引下线根数也要不少于2根，要对称布置，引下线的距离不大于20m；采用柱子主筋作引下线时，数量不限，但建筑外廊各个角上的柱主筋应作为引下线
	接地装置	与一级防雷建筑物相同，冲击接地电阻不大于10Ω

续表

类型	说明
防感应雷及高电位反击	与一级防雷建筑物相同，仅用于防雷时，其接地冲击电阻可以为20Ω
防止高电位从架空线路引入	与一级防雷建筑物相同。年雷暴日在30天及以下的地区，可采用低压架空线直接引入，在架空线入户端装设避雷器，避雷器的接地和瓷瓶铁脚、电源的PE或PEN线连接后与避雷的接地装置相连，其冲击接地电阻不应大于1Ω。另外入户端的三基电杆绝缘子铁脚应接地，其冲击接地电阻不应大于20Ω

注 进出建筑物的各种金属管道及电气设备的接地装置，应在进出口处与防雷接地装置相连接

3. 三级防雷建筑物的保护措施

三级防雷建筑物的保护措施见表6-4。

表 6-4   三级防雷建筑物的保护措施

类型	说明
防直击雷	在建筑物的屋角、屋檐、女儿墙或屋脊上装设避雷带，在屋面上设置不大于20m×20m的网格作为避雷接闪器，也可设置避雷针。建筑物及凸出屋面的物体均应处于接闪器的保护范围之内。屋面金属物件都应该与避雷带相连。专设引下线时，引下线数量不少于两根，间距不应大于25m，建筑物外轮廓易遭受雷击的几个角上的柱子钢筋应作为避雷饮下线
接地装置	接地装置每组的冲击接地电阻不得大于30Ω。若与电气设备的接地及各类电子设备的接地共用时，应将接地装置组织闭合环路。共用接地装置利用建筑物基础及圈梁的主筋组成闭合回路，其要求与一级防雷建筑物相同
防止高电位从线路引入电缆进出线	应在进出端将电缆的金属外皮、钢管等与电气设备接地相连。如电缆转换为架空线，就应在转换处设置避雷器，避雷器、电缆金属外皮与绝缘子铁脚应连接在一起接地，其冲击接地电阻不宜大于30Ω

6.3 建筑防雷电气工程图识读实例

本节介绍建筑防雷电气工程图的相关知识，首先介绍各类防雷装置，然后介绍防雷工程图的识读步骤。

6.3.1 认识防雷装置

本节介绍各类防雷装置的含义，如接闪器、引下线、接地网。

1. 接闪器

接闪器位于防雷装置的顶部，其作用是利用其高出被保护物的突出地位把雷电引向自身，承接直接雷放电。除了避雷针、避雷线、避雷网、避雷带可作为接

闪器外，建筑物的金属屋面也可用作第一类防雷建筑物以外的建筑物的接闪器。

布置接闪器应优先采用避雷网、避雷带，或者采用避雷针，并应按表6-5中所规定的不同建筑防雷类别的滚球半径 h_r，采用滚球计算法计算接闪器的保护范围。

表6-5　　　　　　　　　　　**按防雷类别布置接闪器**

建筑物防雷类别	滚球半径 h_r/m	避雷网尺寸/m
第二类防雷建筑物	45	≤10×10 或 ≤12×8
第三类防雷建筑物	60	≤20×20 或 ≤24×16

滚球计算法是以 h_r 为半径的一个球体，沿需要防直击雷的部位滚动，当球体只触及接闪器（包括作为接闪器的金属物）或接闪器和地面（包括与大地接触能承受雷击的金属物），而不触及需要保护的部位时，则该部分就得到接闪器的保护。

接闪器所使用的材料应该能满足对机械强度、耐腐蚀和热稳定性的要求。

（1）不可利用安装在接收无线电视广播的共用天线的杆顶上的接闪器保护建筑物。

（2）建筑物防雷装置可采用避雷针、避雷带（网）、屋顶上的永久性金属物及金属屋面作为接闪器。

（3）避雷针采用圆钢或者焊接钢管制成，其直径应该符合表6-6中的规定。

表6-6　　　　　　　　　　　**避雷针的直径**　　　　　　　　　mm

针长、部位	材料规格	
	圆钢直径	钢管直径
1m 以下	≥12	≥20
1~2m	≥16	≥25
烟囱顶上	≥20	≥40

（4）避雷网及避雷带采用圆钢或扁钢，其尺寸应符合表6-7中的规定。

表6-7　　　　　　　　**避雷网、避雷带及避雷环的尺寸**　　　　　　mm

针长、部位	材料规格		
	圆钢直径	扁钢截面	扁管厚度
避雷网、避雷带	≥8	≥48	≥4
烟囱顶上的避雷环	≥12	≥100	≥4

（5）利用铁板、铜板、铝板等做屋面的建筑物，在符合下列要求时，宜利用其屋面作为接闪器。

1）金属板之间具有持久的贯通连接。

2）当金属板需要防雷击穿孔时，钢板厚度不应小于4mm，铜板厚度不应小于5mm，铝板厚度不应小于7mm。

3）当金属板下面无易燃物品时，铜板厚度不应小于0.5mm，铝板厚度不应小于0.65mm，锌板厚度不应小于0.7mm。

4）金属板无绝缘被覆层。

（6）层顶上的永久性金属物宜作为接闪器，但其所有部件之间均应连成电气通路，并应符合下列规定。

1）旗杆、栏杆、装饰物等，其规格不小于标准接闪器所规定的尺寸。

2）厚度不小于2.5mm的金属管、金属罐，且不会由于被雷击穿而发生危险，当钢管、钢罐一旦被雷击穿，其内的介质对周围环境造成危险时，其壁厚不得小于4mm。

（7）接闪器应镀锌，焊接处应涂防腐漆，但利用混凝土构件内钢筋做接闪器除外。在腐蚀性较强的场所，还应该适当加大其截面或者采取其他防腐措施。

❑　避雷针

避雷针，俗称引雷针，是一种能截引闪电，将电流导入地下，在一定的范围内保护建筑物或设备免受雷电破坏的金属物。避雷的原理是利用尖端放电现象，让被保护的建筑或设备上的由雷电云感应出的电荷及时地释放进入大气，避免因过度的积累而引发巨大的雷电击中事故。

与此同时，在雷电发生时，避雷针还能吸引雷电的放电通道，让雷电流从避雷针流入大地，避免巨大的电流对建筑或设备造成破坏。

❑　避雷线

避雷线又称架空地线，是悬挂在高空的接地导线。避雷线主要作用与保护变配电所的电气设备、输配电线路等免受直击雷过电压。沿每根支柱引下线与接地装置相连接，其作用与避雷针相同。

❑　避雷网

避雷网适合用于建筑物的屋脊、屋檐（坡屋顶）或者屋顶边缘及女儿墙上（平屋顶），对建筑物的易受雷击部位进行重点保护。

2.引下线

防雷装置的引下线应满足机械强度、耐腐蚀及热稳定的要求。

（1）建筑物防雷装置应利用建筑物钢筋混凝土中的钢筋和圆钢、扁钢作为引下线。

（2）引下线采用圆钢或扁钢，在采用圆钢时，直径不应小于8mm；在采用扁钢时，截面不应小于48mm²，厚度不应小于4mm。装设在烟囱上的引下线，圆钢直径不应小于12mm，扁钢截面不应小于100mm²，厚度不应小于4mm。

（3）利用混凝土钢筋做引下线时，引下线应镀锌，焊接处应涂防腐漆。在腐蚀性较强的场所，还应适当加大截面或采取其他的防腐措施。

（4）专设引下线宜沿建筑物外墙壁敷设，并应以最短路径接地，对建筑艺术要求较高时可暗敷，但是截面应加大一级。

（5）建筑物的金属构件、金属烟囱、烟囱的金属爬梯等可作为引下线，但是其所有部件之间均应该连成电气通路。

（6）采用多根专设引下线时，为了便于测量接地电阻及检查引下线、接地线的连接状况，宜在引下线距地面0.3~1.8m之间设置断接卡。当利用钢筋混凝土中的钢筋、钢柱作为引下线并同时利用基础钢筋作为接地装置时，可以不设置断接卡。

（7）利用建筑钢筋混凝土中的钢筋作为防雷引下线时，其上部（屋顶上）应与接闪器焊接，下部在室外地坪下0.8~1m处焊出一根直径为12mm或40mm×4mm镀锌导体，此导体伸向室外，距外墙皮的距离宜不小于1m，并应符合下列要求。

1）当钢筋直径为16mm及以上时，应利用两根钢筋（绑扎或者焊接）作为一组引下线。

2）当钢筋直径为10mm及以上时，应利用4根钢筋（绑扎或者焊接）作为一组引下线。

（8）当建筑钢、构筑物钢筋混凝土内的钢筋具有贯通性连接（绑扎或焊接），并符合规格要求时，竖向钢筋可作为引下线；横向钢筋与饮下线有可靠连接（绑扎或焊接）时可作为均压环。

（9）在易受机械损坏的地方，地面上约1.7m至地面下0.3m的这一段引下线应加保护措施。

3. 接地网

在民用建筑中，利用钢筋混凝土中的钢筋作为防雷接地网为最佳，假如条件不具备，则可采用圆钢、钢管、角钢或扁钢等金属体作为人工接地板。

垂直埋设的接地极，可采用圆钢、钢管、角钢等。水平埋设的接地极可采用肩钢、圆钢等。垂直接地体的长度宜为2.5m，垂直接地极的距离及水平接地极间的距离应为5m，受场所限制时可以减小。

接地极及其连接导体应镀锌，焊接处应涂防腐漆。在腐蚀性较强的土壤中，还适当加大其截面积或采取其他防腐措施。接地极埋设深度不应小于0.6m，接地极应远离由于高温影响使土壤电阻率升高的地方。

当防雷装置引下线2根或更多时，每根引下线的冲击接地电阻均应满足对该建筑物所规定的防直击雷冲击接地电阻值。

为了降低跨步电压，防直击雷的人工接地装置距建筑物入口处及人行道不应小于3m，当小于3m时应采取下列措施中的其中之一。

（1）水平接地体局部深埋不小于1m。

（2）水平接地体局部包以绝缘物，如50~80mm厚的沥青层。

（3）采用沥青碎石地面或在接地装置上面敷设50~80mm沥青层，其宽度超过接地装置2m。

其中，在高土壤电阻率地区，应采用下列方式降低防直击雷接地装置的接地电阻。

1）可将接地体埋于较深的低电阻率土壤中，也可采用井式或深钻式接地极。

2）可采用降阻剂，降阻剂应符合环保要求。

3）可以更换土壤。

4）可采用其他有效的新型接地措施，如敷设水下接地网。

6.3.2 识读防雷工程图

如图6-4所示为屋顶防雷平面图的绘制结果，以下对其进行简要分析。

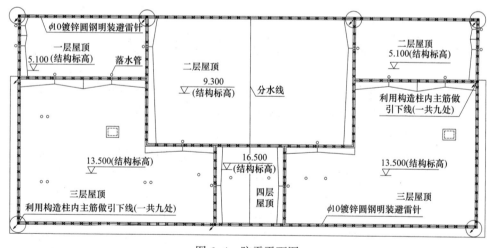

图6-4 防雷平面图

（1）避雷带。避雷带采用φ10镀锌圆钢沿着屋脊安装，安装方式为明装。

（2）接闪器。接闪器材料与避雷带相同，均为φ10镀锌圆钢，其中，支架高100mm、间距为1000mm。

（3）接地体。使用基础内钢筋作为接地体，在施工的过程中需要将基础梁内的主筋全长焊接并连通。

（4）引下线。在平面图中标出了引下线的位置，一共有九处。利用构造柱内两根主筋全长焊通作为引下线，上端与避雷带连接，下端与基础接地体连接。

（5）引下线与构造柱。位于圆内的引下线，利用构造柱室外地坪下 0.8m 处柱子外侧的预埋钢板，钢板的尺寸为 100mm×100mm×10mm，还与作为引下线的两根主筋焊接。结果是由钢板焊出一根 40×4mm 的镀锌扁钢，并且镀锌扁钢伸向室外，与外墙的距离为 1m。

此外，圆内的六个引下线还利用构造柱室外地坪上 0.5m 处柱子外侧所预埋的钢板（100mm×100mm×10mm），与作为引下线的两根主筋相焊接，以此来测量接地电阻。

（6）接地电阻。在防雷接地与电气重复接地、保护接地共用接地装置的情况下，对电阻有一定的要求，即电阻不能大于 1Ω。假如在检测设备时达不到指定的要求，应该按情况增加人工接地板。

（7）金属构件。在该建筑物中，所有突出屋面的金属管道以及金属构筑物都应该与避雷带进行可靠焊接。

（8）进户线。本例中，所有的金属进户管线都使用 25×4 镀锌扁钢与等电位端子板连接。

6.4 建筑接地电气工程图识读实例

本节介绍建筑接地电气工程图的相关知识，首先介绍接地的类型、接地装置的组成、各类接地形式等，最后介绍接地工程图的识读步骤。

6.4.1 什么是接地

接地是指电气设备或其他设置的某一部位，通过金属导体与大地的良好接触。接地按其接地的主要目的不同可以分为工作接地、保护接地、防雷接地、防静电接地等。

1. 工作接地

工作接地是指在 TN-C 系统和 TN-C-S 系统中，为了使电路或设备达到运行要求的接地，如变压器中性点接地，或者称配电系统接地。工作接地的作用是保持系统电位的稳定性，即减轻低压系统由于高压窜入低压时所产生过电压的危险性。假如没有工作接地，当 10kV 的高压窜入低压时，低压系统的对地电压将上升为 5800V 左右。

在电子电路中，工作接地是为电路正常工作而提供的一个基准电位。该基准电位可以设为电路系统中的某一点、某一段或某一块等。当该基准电位不与大地连接时，视为相对的零电位。这种相对的零电位会随着外界电磁场的变化而变化，从而导致电路系统工作的部位稳定。

2. 保护接地

为了防止电气设备的绝缘损坏，其金属外壳对地电压必须限制在安全电压内，避免造成人身电击事故。应将电气设备的外露可被人接触的部分接地，例如电动机、变压器、照明器具外壳，民用电气的金属外壳，如洗衣机、电冰箱等。

变配电所各种电气设备的底座或者支架，架空线路的金属杆或混凝土杆塔的钢筋及杆塔上的架空地线和装在塔上的设备的外壳和支架等。

所有的电气设备必须按照 GB 14050—2008《系统接地的型式及安全技术要求》进行保护接地。

3. 防雷接地

防雷接地是为了防止雷电过电压对人身或者设备产生危害而设置的过电保护设备的接地，如避雷针、避雷器等。

4. 防静电接地

防静电接地是为例消除静电对人身和设备产生危害而进行的接地，例如某些液体或气体的金属输送管道或车辆接地、计算机机房接地等。

5. 屏蔽接地

（1）电路的屏蔽罩接地。各种信号源和放大器等易受电磁辐射干扰的电路应设置屏蔽罩。由于信号电路与屏蔽罩之间存在寄生电容，因此要将信号电路地线末端与屏蔽罩相连，以消除寄生电容的影响，并将屏蔽罩接地，以消除共模干扰。

（2）电缆的屏蔽层接地。低频电路电缆的屏蔽层接地应采用一点接地的方式，且屏蔽层连接地点应该与电路的接地点一致。对于多层屏蔽电缆，每个屏蔽层应在一点接地，各屏蔽层应相互绝缘。

高频电路电缆的屏蔽层接地应采用多点接地的方式。当电缆长度大于工作信号波长的 0.15 倍时，采用工作信号波长的 0.15 倍的间隔多点连接方式。假如不能实现上述接地方式，则至少将屏蔽层两端接地。

（3）系统的屏蔽体接地。当整个系统需要抵抗外界电磁干扰，或当需要防止系统对外界产生电磁干扰时，应将整个系统屏蔽起来，并将屏蔽体接到系统地上。

6.4.2　了解接地装置

接地装置指埋在地下的接地体与接地线的总称，其主要作用是向大地均匀地泄放电流，使防雷装置对地电压不至于过高。

1. 接地体

接地体是认为埋入地下与土壤直接接触的金属导体，按其敷设方式可以分为垂直接地体和水平接地体两种。

（1）垂直接地体。垂直接地体多使用镀锌角钢和镀锌钢管，一般应按设计所要求的数量及规格进行加工。一般镀锌角钢可选用 40mm×40mm×5mm 或 50mm×50mm×5mm 两种规格，其长度为 2.5m。

一般镀锌钢管直径为 50mm，壁厚不小于 3.5mm。垂直接地体打入地下的部分应加工成尖形，顶部埋深 0.8~1m。

垂直接地体端部的处理的方式如图 6-5 所示。

（2）水平接地体。水平接地体是将镀锌扁钢或镀锌圆钢水平敷设于土壤中，可采用 40mm×4mm 的扁钢或直径为 16mm 的圆钢，埋深不小于 0.8m。一般水平接地体有三种形式，即水平接地体、绕建筑物四周的闭合环式接地体及延长外引接地体。

水平接地体的埋设方式如图 6-6 所示。

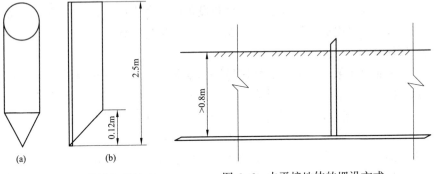

图 6-5　垂直接地体端部的处理　　　图 6-6　水平接地体的埋设方式
（a）钢管；（b）角钢

2. 接地线

接地线是连接接地体与引下线的金属导线，可分为自然接地线与人工接地线两种。

自然接地线可以利用建筑物的金属结构，例如梁、柱、桩等混凝土结构内的钢筋等，使用时应保证全长管路有可靠的电气通路；利用电气配线钢管作接地线时管壁厚度应不小于 3.5m；使用螺栓或铆钉连接的部位必须焊接跨接线；利用串联金属构件作接地线时，其构件之间应以截面积不小于 100mm² 的钢材焊接；不得使用蛇皮管、管道保温层的金属外皮或金属网作为接地线。

人工接地线材料一般采用扁钢和圆钢，移动式电气设备、采用钢质导线在安装上有困难的电气设备可采用有色金属作为人工接地线，绝对禁止使用裸铝导线作接地线。

采用扁钢作为地下接地线时，其截面积应不小于 25mm×4mm；采用圆钢作接地线时，其直径应不小于 10mm。人工接地线不仅要有一定的机械强度，而且接地线截面应满足热稳定的要求。

6.4.3　认识低压配电系统的接地形式

国际电工委员会规定低压电网有五种接地方式，分别为，TN（包括 TN-C、TN-S、TN-C-S）、TT、IT。

其中，第一个字母（T 或者 I）表示电源中性点的对地关系，第二个字母（N 或 T）表示装置的外露导电部分的对地关系，横线后的字母（S、C 或 C-S）表示保护线与中性线的结合情况。

T（through）—通过，表示电力网的中性点（发电机、变压器的星形接线的中间结点）是直接接地系统。N（neutral）—中性点，表示电气设备正常运行时不带电的金属外露部分与电力网的中性点采取直接的电气连接，亦即"保护接零"系统。

1. TN 系统概述

TN 系统又可分为 TN-S 系统、TN-C 系统、TN-C-S 系统三类，以下分别对其进行介绍。

（1）TN-S 系统。TN-S 系统就是三相五线系统，其中三根相线分别是 L1、L2、L3，一根中性线 N，一根保护线 PE，电力系统中性点一点接地，用电设备的外露可导电部分直接接到 PE 线上，如图 6-7 所示。

TN-S 系统中的 PE 线在正常工作时没有电流，设备的外露可导电部分没有对地电压，用来保证操作人员的人身安全。当事故发生时，PE 线中有电流通过，使得保护装置迅速动作，以切断故障。通常情况下规定 PE 线不允许断线和进入开关。

N 线（即工作中性线）在接有单相负载时，可能有不平衡电流。PE 线和 N 线的区别就在于 PE 线平时无电流，而 N 线在三相负荷不平衡时有电流。PE 线是专用保护接地线，N 线是工作中性线。PE 线不得进入漏电开关，而 N 线可以。

TN-S 系统适合用于工业与民用建筑等低压供电系统，目前我国在低压系统中普遍采用这种接地方式。

（2）TN-C 系统。TN-C 系统即三相四线制系统，三根相线 L1、L2、L3，一根中性线与保护线合并的 PEN 线，用电设备的外露可导电部分接到 PEN 线上，如图 6-8 所示。

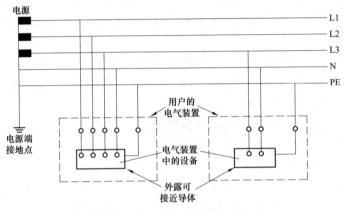

图 6-7　TN-S 系统的接地方式

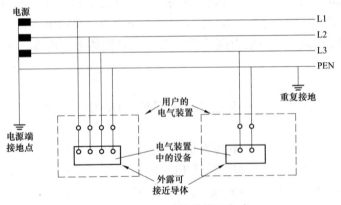

图 6-8　TN-C 系统的接地方式

在 TN-C 系统接线中存在三相负荷不平衡和有单相负荷时，PEN 线上呈现不平衡电流，设备的外露可导电部分有对地电压的存在。因为 N 线不得断线，所以在进入建筑物前，N 线或 PE 线应加做重复接地。

在三相负荷基本平衡的情况下适合使用 TN-C 系统，另外，有单相 220V 的便携式、移动式的用电设备也适合使用 TN-C 系统。

（3）TN-C-S 系统。TN-S-C 系统又称四线半系统，在 TN-C 系统的末端将 PEN 线分为 PE 线和 N 线，且分开后不允许再合并，如图 6-9 所示。

TN-S-C 系统的前半部分具有 TN-C 系统的特性，系统的后半部分却具有 TN-S 系统的特点。在一些民用建筑中，当电源入户后，就将 PEN 线分为 N 线与 PE 线。

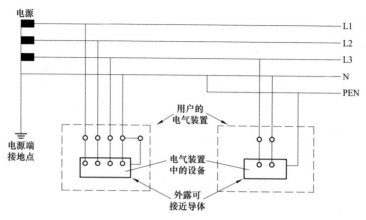

图 6-9 TN-C-S 系统的接地方式

工业企业和一般民用建筑适合使用 TN-S-C 系统。在负荷端装有漏电开关，干线末端装有接零保护时，也可将其用于新建的住宅小区。

2. TT 系统概述

在 TT 系统中，当电气设备的金属外壳带电，即相线碰壳或漏电时，接地保护可以减少触电的危险。但是低压断路器不一定跳闸，设备外壳的对地电压可能超过安全电压。当漏电电流较大时，需要加漏电保护器。如图 6-10 所示为 TT 系统的接地方式示意图。

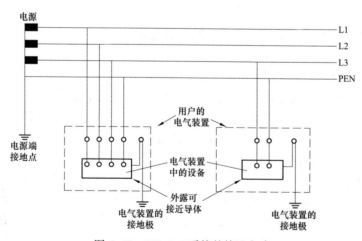

图 6-10 TN-C-S 系统的接地方式

小负荷的接地系统适合使用 TT 系统。接地装置的接地电阻应该满足单相接地发生故障时，在规定的时间内切断供电线路的要求，或者将接地电压限制在

50V 以下。

3. IT 系统概述

IT 系统即电力系统不接地或经过高阻抗接地，是三线制系统。其中，三根相线分别为 L1、L2、L3，用电设备的外露部分采用各自的 PE 线接地。

IT 系统接地方式的示意图如图 6-11 所示。

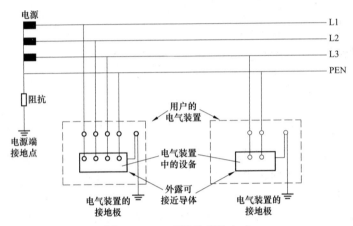

图 6-11　IT 系统的接地方式

在 IT 系统中，当任意一相故障接地时，由于大地可作为相线使其继续运行，因此在线路中需加单相接地检测装置，以便发生故障时报警。

IT 系统常用于矿井、游泳池等场所。

6.4.4　概述建筑物防雷接地工程设计要点

建筑物防雷接地工程地设计要点如下所述。

1. 设置接地体和接地线

接地电阻值应该能满足工作接地和保护接地规定值的要求，应该能安全地通过正常泄漏电流和接地故障电流。选用的材质及其规格在其所在环境内应该具备一定的防机械损伤、腐蚀和其他有害影响地能力。

2. 利用自然接地体

要充分利用自然接地体（如水管、基础钢筋、电缆金属外皮等），但是应该注意的有几点。如选用的自然接地体应该满足热稳定的条件，应该保证接地装置的可靠性，不至于因为某些自然接地体地变动而受到影响（例如，使用自来水管作自然接地体时，应该与其主管部门协议，在检修水管时应事先通知电气人员做好跨接线，来保证接地接通有效）。

3. 人工接地体

人工接地体可采用水平敷设或垂直敷设的角钢、钢管及圆钢，也可以采用金属接地板。值得注意的是，人工接地体宜优先采用水平敷设方式。

4．接地母线或总接地端子

接地母线或者总接地端子作为一建筑物电气装置内的参考电位点，将其与电气装置地外露到点部分与接地体相连接，并与通过它将电气装置内的各总等电位联结、互相连通。

5．地下等电位联结

地下等电位联结在敷设时要求地面上任意一点距接地体不超过 10m，即要求地面下有 20m×20m 的金属网格。

6.4.5 接地设计的常用数据

弱电系统接地电阻值见表 6-8。

表 6-8 弱点系统接地电阻

序号	名称	接地装置形式	规格	接地电阻值要求/Ω	备注
1	调度电话站	独立接地装置	直流供电	≤15	P_e 为交流单相负荷
			交流供电 P_e≤0.5kW	≤10	
			交流供电 P_e>0.5kW	≤5	
		共用接地装置		≤1	
2	程控交换机房	独立接地装置		≤5	
		共用接地装置		≤1	
3	综合布线系统	独立接地装置		≤4	
		接地电位差		≤1V$_{r.m.s}$	
		共用接地装置		≤1	
4	天馈系统	独立接地装置		≤4	
		共用接地装置		≤1	
5	电气消防	独立接地装置		≤4	
		共用接地装置		≤1	
6	有线广播	独立接地装置		≤4	
		共用接地装置		≤1	
7	楼宇监控系统、扩声、安防、同声传译等系统	独立接地装置		≤4	
		共用接地装置		≤1	

人工接地装置规格见表 6-9。

表6-9 人工接地装置

类型	材料	规格		接地体间距	埋设深度
垂直接地体	角钢	厚度≥4mm	一般长度不应该小于2.5m	间距及水平接地体间的间距宜为5m	其顶部距地面应在冻土层以下并应该大于0.6m
	钢管	壁厚≥3.5mm			
	圆钢	直径≥10mm			
水平接地体及接地线	扁钢	截面≥100mm²			
	圆钢	直径≥10mm			

钢接地体和接地线的最小规格见表6-10。

表6-10 钢接地体和接地线的最小规格

种类、规格及单位	地上		地下	
	室内	室外	交流电流回路	直流电流回路
圆钢直径（mm）	6	8	10	12
扁钢 截面（mm²）	60	100	100	100
扁钢 厚度（mm）	3	4	4	6
角钢厚度（mm）	2	2.5	4	6
钢管管壁厚（mm）	2.5	2.5	3.5	4.5

二类防雷建筑环形人工基础接地体规格见表6-11。

表6-11 二类防雷建筑接地体规格

闭合条形基础的周长/m	扁钢/mm	圆钢（根数×直径/mm）
>60	—	2×φ10
>40 至 <60	4×50	4×φ10 或 3×φ12
<40	钢材表面积总和>4.24mm²	

注 1. 当长度、截面相同时，应优先选用扁钢。
2. 在采用多跟圆钢的情况下，其敷设净距不应小于直径的2倍。
3. 利用闭合条形基础内的钢筋为接地体时可按本表校验，除了主筋外，可以将箍筋的表面积计入。

三类防雷建筑环形人工基础接地体规格见表6-12。

表6-12 三类防雷建筑接地体规格

闭合条形基础的周长/m	扁钢/mm	圆钢（根数×直径/mm）
>60	—	1×φ10

续表

闭合条形基础的周长/m	扁钢/mm	圆钢（根数×直径/mm）
>40 至<60	4×20	2×ϕ8
<40	钢材表面积总和>1.89mm²	

注 1. 当长度、截面相同时，应优先选用扁钢。

2. 在采用多跟圆钢的情况下，其敷设净距不应小于直径的 2 倍。

3. 利用闭合条形基础内的钢筋作为接地体时可按本表校验，除了主筋外，可以将箍筋的表面积计入。

6.4.6 识读建筑接地工程图实例

如图 6-12 所示为住宅楼接地工程图（部分）的绘制结果，以下介绍其识读步骤。

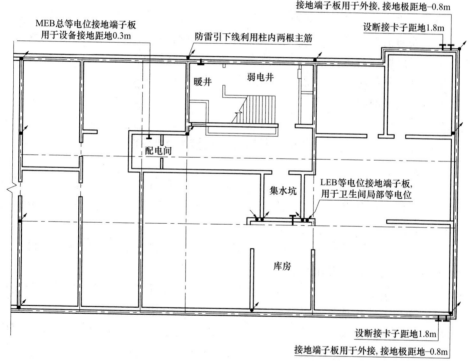

图 6-12 住宅楼接地工程图

（1）断接卡子。在图 6-12 中的右上角与右下角标示了断接卡子的安装位置，通过阅读标注文字，可以得知断接卡子在住宅楼转角的 1.8m 处设置。在此处设置断接卡子的目的是为了测量接地电阻。

123

（2）人工接地体。根据电气工程施工的相关规定，安装人工接地体时应与建筑物相距3m。同时，垂直人工接地体需要使用2.5m长的角钢或者镀锌圆钢。在安装两个接地体时，要注意保持其之间的间距为5m。

水平接地体常采用镀锌扁钢材料，使用扁钢或者圆钢制作接地线。为方便检测，应将敷设位置选在易于实施检测工作的地方。制作保护措施来保护接地体免于受到来自机械与化学腐蚀的伤害。

（3）接地端子板。在图6-12中的右上角与右下角，分别标示了接地端子板的安装位置，即位于建筑物两端-0.8m处设置，目的是用来外接人工接地体。

（4）卫生间、配电间的接地设置。在卫生间内，安装了LEB等电位接地端子板，用来对各卫生间的局部等电位的可靠接地。

在配电间内，安装了MEB总等电位接地端子板，距地0.3m，用来设备接地。

（5）接地线。在敷设接地线时，经常会发生与电缆或者其他电线位置上的重合或者交叉的情况，此时为确保接地线的正确敷设，以及不影响其他电缆或者电线，应该将接地线与电缆或电线保持至少25mm的间距。

在敷设室外接地线时，需要使用套钢管对其进行保护，目的是防止在与管道、道路等交叉时接地线受到损伤。

6.5 等电位联结工程图识读实例

本节介绍等电位联结工程图的相关知识，首先介绍等电位联结的含义、等电位联结的作用及分类及其安装要求等，最后介绍等电位联结工程图的识读步骤。

6.5.1 认识等电位联结

等电位联结是将分开的设备和装置的外露可导电部分用等电位联结导体或电涌保护器联结起来，使其电位基本相等。

接地在通常情况下一般是指电力系统、电气设备可导电金属外壳及其金属构件，用导体与大地相连接，使其被联结部分与地电位相等或接近。

接地可以视为以大地作为参考电位的等电位联结。为了防止电击而设的等电位联结一般均作为接地，与地电位相一致，有利于人身安全。

6.5.2 等电位联结的作用及分类

建筑物的低压电气装置应采用等电位联结，以降低建筑物内间接接触电压和不同金属物体间的电位差，避免自建筑物外经电气线路和金属管道引入的故障电压的危害，减少保护电器动作不可靠带来的威胁，和有利于避免外界电磁场引起的干扰，改善装置的电磁兼容性。

等电位联结分为三类，分别是总等电位联结、局部等电位联结、辅助等电位联结。

1. 总等电位联结

总等电位联结（MEB），作用于全建筑物，在每一电源进线处，利用联结干线将保护线、接地线的总接线端子与建筑物内电气装置外的可导电部分（如进出建筑物的金属管道、建筑物的金属结构构件等）连接成一体。建筑电气装置采用接地故障保护时，建筑物内电气装置应采用总等电位联结。

总等电位联结应该通过进线配电箱近端的接地母排（即总等电位联结端子板）将下列可导电部分互相连通。

（1）进线配电箱的 PE 母线（PEN）母排或端子。

（2）接往接地极的接地线。

（3）公用设施的金属管道，如上水管道、下水管道、热力管道。

（4）建筑物金属结构。

建筑物做总等电位联结后，可以防止 TN 系统电源线路中的 PE 线和 PEN 线传导引入故障电压导致电击事故，同时可减少电位差、电弧、电火花发生的机率，避免接地故障引起的电气火灾事故和人身电击事故，同时也是防雷安全所必须的。因此，在建筑物的每一电源进线处，一般都设有总等电位联结端子板，由总等电位联结端子板与进入建筑物的金属管道和金属结构构件进线连接。

2. 局部等电位联结

局部等电位联结（LEB），指在局部范围内设置的等电位联结。一般在 TN 系统中，当配电线路阻抗过大、保护动作时间超过规定允许值时，或者为了满足防电击的特殊要求时，需要做局部等电位联结。

局部等电位联结通常情况下应用于浴室、游泳池、医院手术室等场所，在这里发生电击事故的危险性较大，要求更低的接触电压。在这些局部范围需要多个辅助等电位联结才能达到要求，这种联结被称之为局部等电位联结。

一般局部等电位联结也有一个端子板或者连成环形。即局部等电位联结可以看成是在局部范围内的总等电位联结。

在下列情况下需要做局部等电位联结。

（1）局部场所范围内有高防电压要求的辅助等电位联结。

（2）需要做局部等电位的场所：浴室、游泳池、医院手术室、农牧场等，因保护电器切断电源时间不能满足防电击要求，或为满足防雷和信息系统抗干扰的要求。

值得注意的是，假如浴室内原无 PE 线，浴室内局部等电位联结不得与浴室外的 PE 线相连。因为 PE 线有可能因别处的故障而带电位，反而能引入别处电位。假如浴室内有 PE 线，则浴室内的局部等电位联结必须与该 PE 线相连。

3. 辅助等电位联结

辅助等电位联结（SEB），可将两导电部分用导线直接做等电位联结，使得故障接触电压降至接触电压限值以下。

局部等电位联结可以看做是一局部场所范围内的多个辅助等电位联结。

在下列情况下需要做辅助等电位联结。

（1）电源网络阻抗过大，使得自动切断电源时间过长，不能满足防电击要求时。

（2）自 TN 系统同一配电箱供给固定式和移动式两种电气设备，而固定式设备保护电器切断电路时间不能满足移动式设备防电击要求时。

（3）为满足浴室、游泳池、医院手术室等场所对防电击的特殊要求时。

其中需要注意的要点如下。

1）辅助等电位联结必须包括固定式设备的所有能同时触及的外露可导电部分和装置外可导电部分。等电位系统必须与所有设备的保护线（包括插座的保护线）联结。

2）连接两个外露可导电部分的辅助等电位线，其截面不应小于接至该两个外露可导电部分的较小保护线的截面。

3）连接外露可导电部分与装置外可导电部分的辅助等电位联结线不应小于相应保护线截面的 1/2。

6.5.3　识读等电位联结工程图实例

如图 6-13 所示为住宅楼供电系统中的总等电位联结工程图，以下介绍其识读步骤。

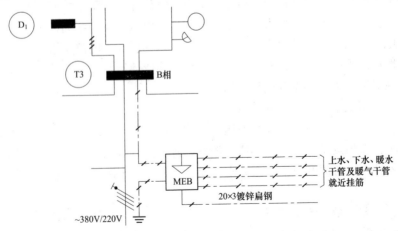

图 6-13　供电系统中的总等电位联结图

（1）总等电位联结箱 MEB 位于工程图的右下方，与电源进线相连接。

（2）在 MEB 箱附近有暖气干管、上水管、下水管、热水干管，就近与建筑物内钢筋连接。

（3）MEB 箱内安装了等电位连接端子板。

（4）使用接地母线将 MEB 箱、配电箱 T3 以及电气接地装置相连接。

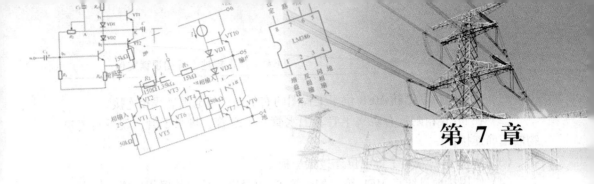

第 7 章

建筑电气设备控制工程图识读实例

本章介绍建筑电气设备控制工程图的相关知识，如各类电气控制图基本元件、各种常用的建筑电气设备电路图，以及识读基本电气控制电路图、电气控制接线图的识读步骤。

7.1 认识电气控制图的基本元件

常见的电器控制图的基本元件有刀开关、转换开关、按钮等，本节分别介绍它们的特性。

7.1.1 刀开关

刀开关是手动开关，包括胶盖刀开关、石板刀开关、铁壳开关、转扳开关、组合开关等。手动降压启动器属于带有专用机构的刀开关。

刀开关只能用于不频繁启动。当使用刀开关操作异步电动机时，开关额定电流应该大于或等于电动机额定电流的三倍。

对于照明负载，刀开关的额定电流就大于负荷电流的三倍。还应该注意刀开关所配用熔断器和熔体的额定电流不得大于开关的额定电流。用刀开关控制电动机时，为了维护和操作的安全，应该在刀上方另装一组熔断器。

7.1.2 转换开关

转换开关包括组合开关，主要用于小容量电动机的正、反转等控制。转换开关的手柄按 45°—0°—45° 有三个位置，中间是断开电源的位置，左右两边的或者都是正转位置，或者一个是正转位置，另一个是反转位置。转换开关可以用来控制 7.5kW 以下的电动机。

转换开关的前面最好加装刀开关，以免停机时由某种偶然因素碰撞转换开关的手柄造成误操作。转换开关和插座的前面应加装熔断器。

转换开关的特点是体积小、接线方式多、使用方便等特点，常用作接通或分断电路，测量三相电压，换接电源或负载，控制小容量电动机的正反转和星—三角启动（Y/△启动）等。

7.1.3 按钮

按钮是一种常用的控制电器元件，常用来接通或断开"控制电路"（其中电流很小），从而达到控制电动机或其他电气设备运行目的的一种开关，其电气符号为 SB。

按钮是一种人工控制的主令电器。主要用来发布操作命令，接通或开断控制电路，控制机械与电气设备的运行。

按钮的工作原理很简单，对于动合触头（如图 7-1（a）），在按钮未被按下前，电路是断开的，按下按钮后，动合触头被连通，电路也被接通。对于动断触头（如图 7-1（b）），在按钮未被

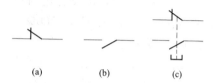

图 7-1 按钮工作原理示意图
(a) 动合触头；(b) 动断触头；
(c) 动合与动断连动触头

按下前，触头是闭合的，按下按钮后，触头被断开，电路也被分断。由于控制电路工作的需要，一只按钮还可带有多对同时动作的触头，[如图 7-1（c）] 所示。

7.1.4 接触器

接触器的作用是，在各种电力传动系统中，用来频繁接通和断开带有负载的主电路或大容量的控制电路，方便实现远距离自动控制。

接触器分为两种：①交流接触器；②直接接触器。

交流接触器由电磁部分、触头部分和弹簧部分组成。其工作原理为，主触头接于主电路中，电磁铁的线圈接于控制电路中。当线圈通电后，产生电磁吸力，使动铁芯吸合，带动动触头与静触头闭合，接通主电路。假如线圈断电后，线圈的电磁吸力消失，在复位弹簧作用下，动铁芯释放，带动动触头与静触头分离，切断主电路。

7.1.5 继电器

继电器可以分为两类，一类是热继电器，另一类是电磁式继电器。

1. 热继电器

热继电器和热脱扣器主要由热元件、双金属片、扣板、拉力弹簧、绝缘拉板、触头等元件组成。负荷电流通过热元件，并使其发热。在它近旁的双金属片也受热而变形。双金属片由两层热胀系数不同的金属片冷压粘合而成，上层热胀系数小，下层热胀系数大，受热时向上弯曲。

当双金属片向上弯曲到一定程度时，扣板失去约束，在拉力弹簧作用下迅速绕扣板轴逆时针转动，并带动绝缘拉板向右方移动而拉开触头。

2. 电磁式继电器

电磁式过电流继电器（或者脱扣器）是依靠电磁力的作用来进行工作的。其原理为，当线圈中电流超过整定值时，电磁吸力克服弹簧的推力，吸下衔铁使铁芯闭合，改变触头的状态。

交流过电流继电器的动作电流可在其额定电流 110%～350%的范围内调节、直流的可在其额定电流 70%～300%的范围内调节。

7.1.6　启动器

启动器用来控制电动机启动和停止，其类型有电磁启动器、Y/△启动器、自耦补偿启动器三种，下面分别对其进行介绍。

（1）电磁启动器。电磁启动器由交流接触器、热继电器及一个公共的外壳组成，其中热继电器作为过载保护，接触器本身兼做为失压或者低电压保护。

电磁启动器可以分为可逆型与不可逆型两类。

（2）Y/△启动器。Y/△启动器是电动机降压启动设备之一，主要适用于定子绕组接成三角形笼型异步电动机的降压启动。分为手动式与自动式两类。

手动式Y/△启动器未带有保护装置，因此必须与其他保护电器配合使用。

自动式Y/△启动器由接触器、热继电器、时间继电器等组成，有过载和失压保护功能。

（3）自耦补偿启动器。自耦补偿启动器又称为补偿器，属于笼型异步电动机的另外一种降压启动设备，主要用于较大容量笼型异步电动机的启动。控制方式分为两类，即手动式与自动式。

为了加强自耦补偿启动器的保护功能，在启动器内会备有过载和失电压保护装置。

7.1.7　低压断路器

低压断路器按照形式来划分，可将其分为框架式（万能式）和塑料外壳式（装置式）两类。其中，框架式（万能式）结构灵活多变，可以装较多种类的脱扣器和辅助触头。塑料外壳式（装置式）结构紧凑、体积小、质量轻、使用比较安全。

除了一般低压断路器外，还具有限流功能的快速型低压断路器（直流的全部动作时间为 10～30ms，交流的为 10～20ms）、具有漏电保护功能的漏电断路器等。

目前，应用较多的是 DW15 系列框架式低压断路器、DZ20 系列塑料外壳式低压断路器和 DZX 系列限流型低压断路器。

低压断路器主要由感受元件、执行元件和传递元件组成。其动作原理为，其主触头、辅助触头由传动杆连动，当逆时针方向推动操作手柄时，操作力经自由脱扣机构传递给传动杆，主触头闭合；随之锁扣将自由脱扣机构锁住，使电路保持接通状态。断路器由储能弹簧实现分闸，分闸速度很高。

7.1.8　控制器

控制器是电力传动控制中用来改变电路状态的多触头开关电器。常见的有平面控制器和凸轮控制器，前者的动触头在平面内运动，后者由凸轮的转动推动动触头的运动。

控制器的安装应该方便操作，手轮高度以 1~1.2m 为宜。接线时应该注意手轮方向与机械动作方向一致。控制器不带电的金属部分应当接零（或接地）。

7.2　常用建筑电气设备电路图概述

本节介绍各种常用建筑电气设备电路的相关知识，如双电源自动切换电路图的识读方式、水泵控制电路的类型等。

7.2.1　认识双电源自动切换电路

由于供电系统是一个复杂的系统，所以为了保证系统供电的可靠性，一般情况下都将供电系统设计为双电源或者三电源自动切换供电。在双电源自动切换系统的设计中，因为同时考虑两种状况，所以可以保证电源能够送达末端。

1. 优点

（1）出现电源中断问题后，可以通过采用双电源供电来解决。

（2）假如系统内部线路中断供电，可以通过设计两路内部供电系统，特别是备用线路采用高可靠设计，在末端实现双电源自动切换解决。

在电源由不同发电厂提供的两路变压器供电系统，一用一备；假如两路都断电，则需要另设一路发电机供电，例如医院、银行、重要的政府机构等地方，需要采用三电源切换电路。

2. 工作原理

下面以如图 7-2 所示的双电源自动切换电路图为例，介绍其工作原理。

（1）在供电的情况下，首先合上断路器 QF1、QF2，按下手动开关 SB1、SB2，得以接通变压器的供电回路；此时接触器 KM1、KM 线圈得电，KM1 主触点闭合。

（2）因为变压器供电通路接有 KM，因此保证了变压器通路先得电。

（3）与此同时接触器 KM1、KM 在 KM2 通路上的辅助联锁触点断开，使得

KM2、KT 不能通电，便保证了变压器通路优先工作。

（4）当变压器供电出现问题或故障时，KM1、KM 线圈失电，KM1、KM 在 KM2 通路上的辅助联锁触点复原，恢复闭合状态。

（5）此时时间继电器 KT 线圈得电，经过一段时间延时后，KT 动合触点闭合，KM2 线圈得电并实现自锁，KM2 主触点闭合，备用发电机供电，以实现线路通电，设备运转。

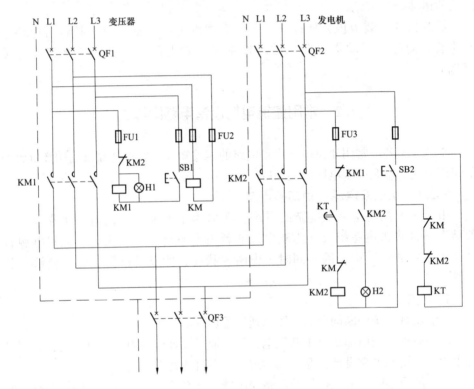

图 7-2　双电源自动切换电路

7.2.2　水泵控制电路的分类

本节介绍在工用及民用建筑中常用的水泵控制电路，如稳压泵控制电路、自动喷淋泵控制电路等。

1. 稳压泵控制电路

消防供水稳压泵通常由高位消防水箱、稳压泵、压力控制器、电气控制装置和消防管道组成。如图 7-3 所示为稳压泵一用一备控制电路图。两台水泵互为备用，工作泵发生故障时延时泵投入，水泵由电接点压力表及消防中心控制，电动机过载时发出声光报警。

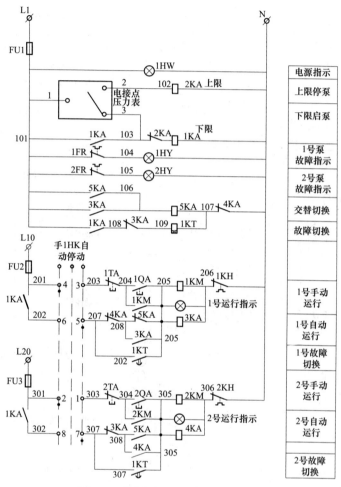

图7-3　稳压泵一用一备控制电路图

2. 自动喷淋泵控制电路

自动喷淋灭火系统由喷头、水流指示器、信号阀、压力开关、水力警铃及供水管网等组成。在火灾发生后温度达到设定值时，喷头就会自动爆裂并喷出水流。由于水在水管中流动，安装在管路内的水流指示器和信号阀动作，与此同时，安装在管路中的压力开关动作，直接启动喷洒用消防阀，并通过信号接口传至火灾报警控制器。

如图7-4所示为自动喷淋灭火系统泵一用一备全压启动控制电路图。

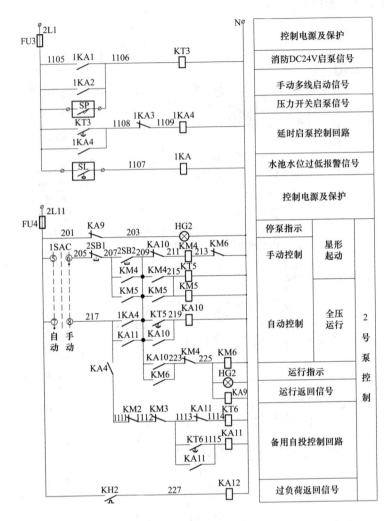

图 7-4　自动喷淋灭火系统泵一用一备全压启动控制电路图

3. 给水泵控制电路

在高层建筑中给水泵控制的常见形式之一为两台给水泵一用一备。一般受水箱的水位控制，即低水位启泵，高水位停泵。

两台给水泵一用一备全压启动控制电路图如图 7-5 所示。两台水泵互为备用，工作泵故障时备用泵延时使用，水泵的启停受屋顶水箱液位器控制，水源水池的水位过低时自动停泵。工作状态选择开关可以实现水泵的手动、自动和备用泵的转换。

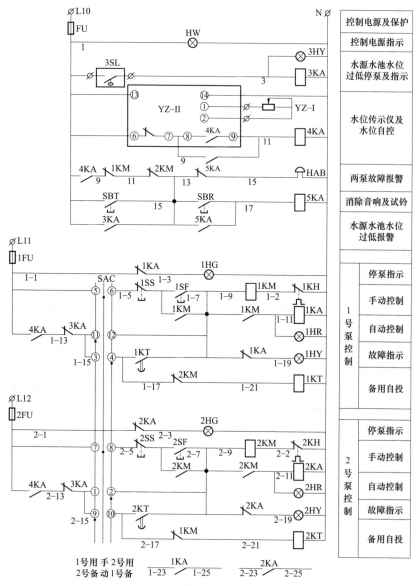

图7-5 两台给水泵一用一备全压启动控制电路图

4. 排水泵控制电路

高层建筑排水系统通常采用两台排水泵一用一备的形式，如图7-6所示为两台排水泵一用一备全压启动控制电路图。两台水泵互为备用，工作泵故障时备用泵延时投入。水泵由安装在水池内的液位器控制，高水泵启泵、低水位停泵，溢流水位及双泵故障报警。

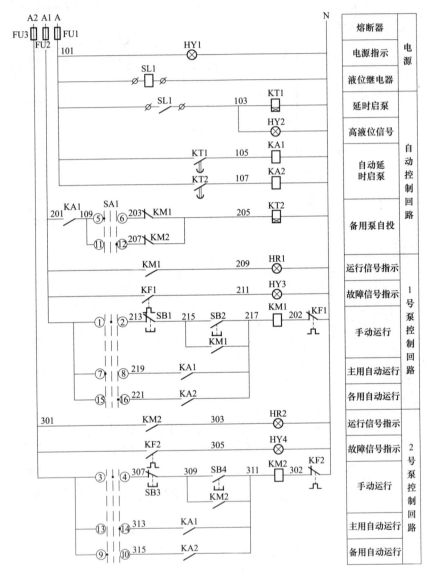

图 7-6　两台排水泵一用一备全压启动控制电路图

5. 消防泵控制电路

通常情况下，高层民用建筑中的供水水箱水压不能满足消火栓对水压的要求，一般采用消防泵进行加压，以供灭火使用。可以使用一台水泵，或两台水泵互为备用。

如图7-7所示为消防泵一用一备全压启动控制电路图。两台水泵互为备用，工作泵故障、水压不够时备用泵延时投入，电动机过载及水源水池无水报警。

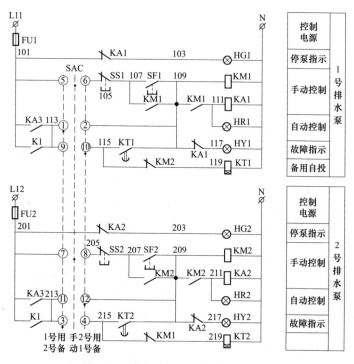

图7-7 消防泵一用一备控制电路图

7.2.3 空调机组系统控制电路的相关知识

空调系统的作用是对空气进行处理使得空气的温度、湿度、流动速度、新鲜度以及洁净度等符合使用要求。空调系统由制冷机组及其外部设备、空气处理设备、末端设备（一般为风机盘管）、空调管路及电气控制设备组成。

1. 恒温恒湿空调器的结构

恒温恒湿空调器的功能是制冷、除湿、加热、加湿等，可提供一种人工气候，即使得室内温度、相对湿度恒定在一定的范围内。

恒温恒湿空调器的优点是，可以使得环境温度保持在20~25℃，其中最大偏差为±1℃；相对湿度为50%~60%，最大偏差为10%。

（1）恒温恒湿空调器由如下几部分组成。

1）制冷系统：由蒸发器、冷凝器、压缩机、热力膨胀阀、空气过滤器等。

2）风路循环：由离心机、空气过滤器、进出风口组成。

3）加湿：由电加湿器、供水装置构成。

4）加热：由电加热器组成。

5）控制：由压力继电器，干、湿球温度控制器组成。

（2）恒温恒湿空调器从冷却方式上可以分为两类，分别是风冷式与水冷式。

1）风冷式（HF系列）。风冷式恒湿恒温空调器机组分为室内、室外两部分。室外机组只有风冷式冷凝器，室内机组具有制冷、加热、加湿、通风和控制等部件。温度由温控器进行控制，加湿量由电接点水银温度计和继电器控制加湿量，电加热也通过温控器进行开、停控制。

2）水冷式（H系列）。水冷式恒温空调器一般为整体式，产品系列由H型、LH型和BH型。

恒温恒湿空调器的温湿度是由温控器控制压缩机的开停和加热器的通断，湿球温度计、继电器控制电加热器通断。

在恒温恒湿空调器中，为了节约能源，有的带回风口，新风口可以根据需要采用一次回风送风方式，有效地利用室内的循环空气（约占85%）和补充新鲜空气（占15%）。

2. 恒温恒湿空调控制电路

在房间内安装恒温恒湿空调器，可以通过控制制冷量或者制热量来满足房间的恒温要求，通过控制加湿量或者减湿量来满足房间的恒湿要求。

如图7-8、图7-9所示为绘制完成的恒温恒湿空调器电气控制图。该电气图所表示的工作原理如下所述。

在系统控制温度的过程中，将S1、S2、S3放在自动位置ZD上，当室内温度低于所设定的值时，干球温度记的触点会脱开，电子继电器KN1的动断触点会闭合。此时，KM3、KM4、KM5通电，RH1、RH2、RH3则自动加热。

当室内温度上升至设定值时，下触点闭合，KN1的动断触点断开，结果是电加热器自动停止加热。

在系统控制湿度的过程中，将S1放在自动位置ZD上，当室内湿度低于设定值时，湿球温度计θ_2触点脱开，电子继电器KN2的动断触点闭合。

此时KM6通电，其触点闭合，加湿器RH4自动加湿。当湿度上升至设定值时，KN2的动断触点断开，结果是电加湿器自动停止加湿。

3. 风机盘管控制电路

风机盘管是中央空调系统末端向室内送风的装置，由风机和盘管两部分组成。风机把中央送风管道内的空气吹入室内，风速可以调整。盘管是位于风机出口前的一根蛇形弯曲的水管，水管内通入冷（热水），是调整室温的冷（热）源，在盘管上安装电磁阀控制水流。

如图7-10所示为风机盘管控制电路图的绘制结果，以下介绍其工作原理。

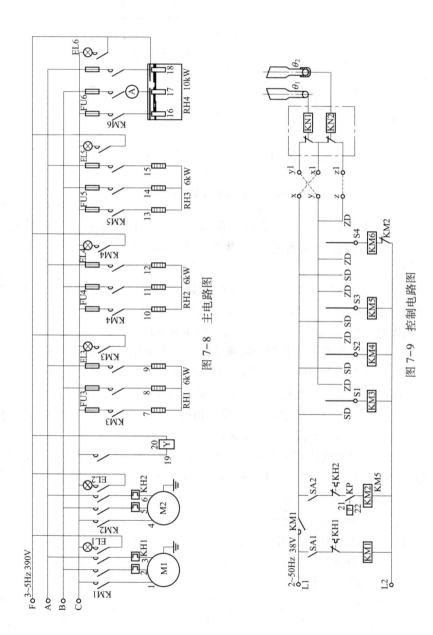

图 7-8 主电路图

图 7-9 控制电路图

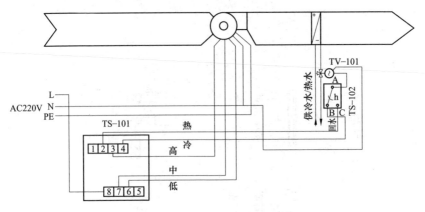

图 7-10　风机盘管控制电路图

室内照明供电线路为风机盘管提供电源，其中，零线 N 接至风机及电动阀，保护线 PE 则接在风机外壳上，相线 L 与控制开关 TS101 的 8 号接点相接。

TS-101 指温控三控开关的型号，当 8 号接点与 4 号接点接通时为高速，而与 7 号接点接通时降低至中速，与 6 号接点接通时为低速。

将开关拨到"断"的位置，可将风机、电动阀电路切断。

在 TS101 内的温控器设置有两个通断动作的位置来控制电动阀的动作，以使室内温度保持在设定值的范围之内，如将温度范围设置为 15~30℃。

在夏季时，当冷水的温度低于 15℃时，箍形温度控制器 TS-102 的接点 A 与 B 接通；当室温超过温控器的温度上限设定值时，TS-101 的接点 5 和 8 接通；此时电动阀被打开，冷水流过盘管，系统向室内输送冷风。

在冬季时，当热水温度高于 31℃时，TS-102 的接点 A 和 C 接通；在室温低于温控器的温度下限设定值时，TS-101 的接点 3 和 8 接通；此时电动阀被打开，热水流过盘管，系统向室内输送热风。

4. 空气处理机组 DDC 控制电路

直接数字控制器的缩写为 DDC，是指空调系统计算机控制的终端直接控制设备。通过 DDC，可以进行数据采集，了解系统运行的情况，也可发出控制信号，控制系统中设备的运行情况。

空气处理机组控制电路图如图 7-11 所示。读图可知，空气处理系统有一台送风风机向管道内送风，另外有一台回风风机把室内污浊空气抽回回风风道。为了保持风道内空气的温度及湿度，送风风道与回风风道是一个闭合系统，回风经过滤处理后重新进入送风系统。

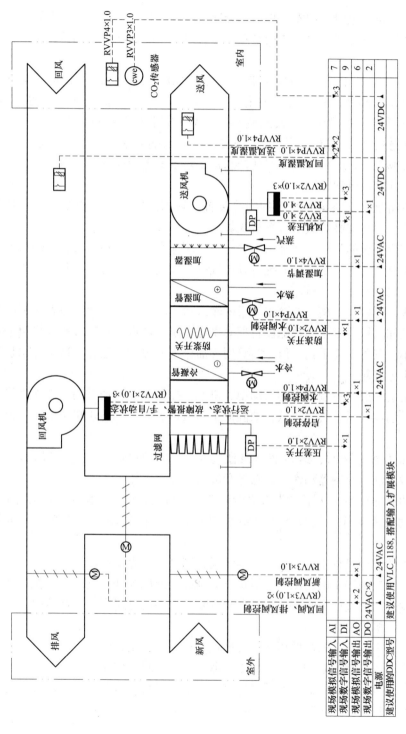

图7-11　空气处理机组控制电路图

当回风质量变差时，向室外排出部分回风，同时打开新风口，从室外补充新风到送风系统。在送风系统中要用冷热水盘管对空气的温度进行调整，用蒸汽发生器加湿。

在图7-11中，上方是空调系统图，下方是DDC控制接线表。DDC上有四个输入输出接口，其中有两个是数字量接口，数字输入接口DI和数字输出接口DO；另外两个为模拟量接口，模拟输入接口AI和模拟输出接口AO。

根据传感器和执行器的不同，分别接入不同的输入输出口。DDC是一台工业用控制计算机，根据事先编制好地控制程序对系统进行检测和控制。

5. 冷水机组控制电路

冷水机组是重要空调系统中的制冷装置。常用的冷水机组由活塞式、螺杆式、离心式、溴化锂吸收式、直燃机式等。

根据制冷工况的要求，通常由冷水机组、冷冻水泵、冷却水泵、冷却塔风机组成一个机泵系统。几个机泵系统可以组成一个大型制冷系统，这些系统既可以独立运行，也可以并列运行。

活塞式、螺杆式、离心式冷水机组的输入功率较大，有的达到数百千瓦，其降压启动柜和主机电控制箱都随设备配套供应。溴化锂吸收式、直燃式机组的输入功率较小，仅为十几千瓦，但是需要用燃油作为能源方可运行，这类冷水机组都带有主机电控箱。

冷水机组一般在控制室内的启动柜和机旁主控箱两地手动控制。当冷水机组的制冷剂采用氟利昂，气温较低，油温低于30%时，在启动冷水机组前，应该将油加热。

投入加热器的同时，运转液压泵使得机组内的油强行循环。当油温达到35℃以上时，油温控制器动作，加热器和液压泵停止工作。

如果油温加热到35℃后，没有立即启动冷水机组，油温下降到30%以下时，加热器自动投入工作。如果冷水机组采用氨制冷，在启动冷水机组前不需要加热。

在机组的运行过程中假如出现下列情况，则会自动停止运行。

(1) 压差控制器1的高压和低压接管分别接入液压泵和排气压力，机组要求油压应至少高出排气压力0.1Pa，当油压不足且在规定时间内无法恢复时，压差控制器动作，机组停止运行。

(2) 压差控制器2的高低压接管分别接在过滤器进出口管道上，当过滤器堵塞，其进出口压差超过0.1Pa时，压差控制器动作，机组停止运行。

(3) 机组运行时，假如排气压力超过1.6Pa或者吸气压力低于0.05Pa，压力控制器动作，机组停止运行。

(4) 机组油温超过 65℃时，温度继电器动作，机组停止运行。

(5) 液压泵电动机或者压缩机电动机过负荷时，热继电器动作，机组停止运行。

当机组发生故障停机时，装在启动柜内的电铃发出声响报警信号，信号指示灯指出停机原因。此时值班人员先按下复位按钮，切断电铃回路，解除声响报警（但是故障指示灯仍然是亮的），接着查明原因，并排除故障。

如图 7-12、图 7-13 所示为冷水机组及其附泵配电及控制电路图的绘制结果。其中，冷水机组启动柜和主控箱由生产厂家提供，采用丫/△降压启动冷却水泵及冷冻水泵，而冷却塔风机使用全压启动手动两地控制。

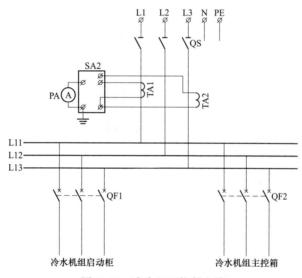

图 7-12　冷水机组控制电路

6. 变风量新风空调机组控制电路接线图

变风量新风空调机组主要由空气热交换器、低噪声离心通风机及框架、面板、空气过滤器等组成，一般在影剧院、礼堂和工业厂房等空间较大的场所使用。

变风量新风空调机组依靠外界供给的冷水或热水通过空气热交换器，使一定比例的室内回风和室外新风或全新风冷却、去湿或加热，并由风机送入使用场所。

如图 7-14 所示为变风量空调机组控制电路接线图的绘制结果，其工作原理是通过改变调速变压器的分接头来改变加在电动机定子绕组上的电压，并通过事先调速，以改变空调机组的风量。

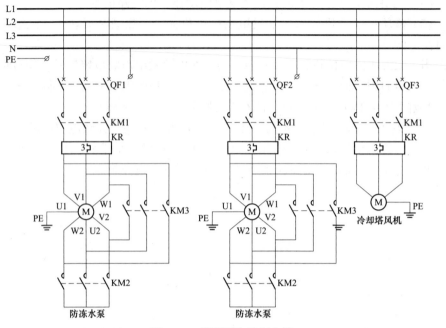

图 7-13 附泵配电控制电路

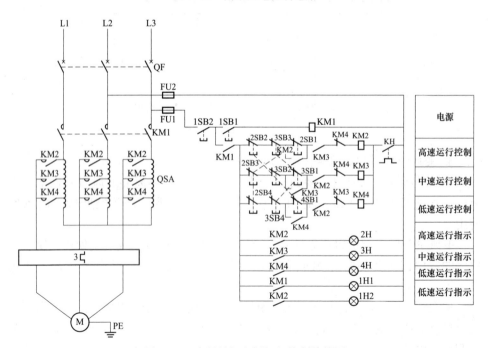

图 7-14 变量风机空调机组控制接线图

图 7-14 中的控制系统可以对高挡、中挡、低挡进行调速操作。其中，按钮 SB12 控制高挡、SB13 控制中挡、SB14 控制低挡。交流接触器 KM2 的主触头接通高等级的电压、KM3 的主触头接通中等级的电压、KM4 的主触头接通低等级的电压。

在控制线路中采取了两种安全措施，分别是电气联锁和机械联锁，以确保在操作时不至于引起短路事故。由各路接触器的辅助触头控制的信号指示灯显示空调机组所处的状态。

当空调机组停止工作时，通过在控制回路中接入交流接触器 KM1（由按钮 1SB1 和 1SB2 控制），以使调速变压器 T 与电源隔离。

7.2.4 电梯及电梯系统的知识

电梯是机电一体化的大型复合产品，由机械部分和电气部分组成。电梯的机械部分由曳引系统、轿厢和门系统、导向系统以及机械安全保护装置等部分组成；电气控制部分由电力拖动系统、运行逻辑功能系统和电气安全保护等系统组成。

可以按照用途、速度、拖动方式等来对电梯进行分类，详见表 7-1。

表 7-1 电梯分类

类型	说　明
按照用途来分	（1）乘客电梯：目的是为了运送乘客 （2）载货电梯：目的是用来运送货物，一般装卸人员也随着电梯上上下下，轿厢有效面积和载重量都较大 （3）客货两用电梯：可用来运送乘客，也可用来运送货物。与客梯的区别为轿厢内部的装饰结构不同 （4）病床电梯：目的是为医院专门设计的用来运送病人、医疗器械。其轿厢窄而深，配有专职的司机操纵，运行较为平稳 （5）住宅电梯：住宅楼内的电梯，目的是送运乘客，也可运送家里物件或生活用品 （6）服务电梯（杂物电梯）：一般在图书馆、办公楼、饭店等场所中用来运送图书、文件、食品等的电梯 （7）船舶电梯：在船舶中的电梯，即使在船舶的摇晃中也能正常工作 （8）观光电梯：电梯的轿厢墙壁透明，可以供乘客观光 （9）车辆电梯：用来运送车辆的电梯，轿厢较大，有的电梯没有轿顶
按照速度来分	（1）高速电梯（甲类）：指楼梯的梯速大于2m/s 的电梯，其规格有2、2.5、3、6、8m/s 等 （2）快速电梯（乙类）：指梯速小于等于2m/s 而大于1m/s 的电梯，其规格由1.5、1.75m/s 等 （3）低速电梯（丙类）：梯速小于等于1m/s 的电梯，其规格还有0.25、0.5、0.75、1m/s 等

类型	说　明
按照拖动方式来分	（1）直流电梯：使用直流电动机拖动的电梯。包括直流发电机直流电动机托定的电梯，通过晶闸管整流器供电的直流电梯，这类电梯多为快速或者高速电梯 （2）交流电梯：使用交流电动机拖动的电梯，包括如下类型 1）交流单速电梯的曳引电动机位交流电动机，额定梯速小于 0.5m/s 2）交流双速电梯的曳引电动机为交流电动机并有快慢两种速度，额定梯速在 1m/s 以下 3）交流三速电梯的曳引电动机为交流电动机并有高、中、低三种速度，额定梯速一般为 1m/s 4）交流调速电梯的曳引电动机为交流电动机，启动时采用开环，制动时采用闭环制动，装有测速发电机 5）交流调压调速电梯的曳引电动机为交流发电机，启动时采用闭环，制动时也采用闭环，装有测速发电机 6）交流调频调压调速电梯（VVVF），采用微机变频器，以速度、电流反馈控制，在调整频率的同时调整定子电压，使磁通恒定、转速恒定，是新型拖动方式，安全可靠，梯速可达 6m/s （3）液压传动电梯：依靠液压传动，可以分为柱塞直顶式和柱塞侧冒式，梯速通常为 1m/s 以下 （4）其他类型的电梯 1）齿轮齿条式电梯：由电动机拖动齿轮，利用齿轮在齿条上的爬行拖动轿厢运动 2）螺旋式传动电梯：由电动机带动螺旋杆旋转，带动安装在轿厢上的螺母驱动轿厢上下运动
按照机房位置来分	（1）上置式电梯：指机房位于井道上方的电梯 （2）下置式电梯：指机房位于井道下方的电梯
按照曳引机来分	（1）有齿曳引机电梯：指曳引带有减速箱，可以用于交流、直流电梯 （2）无齿曳引机电梯：指由曳引电动机直接驱动曳引轮运动的电梯
按照操纵方式来分	（1）有司机的电梯：指必须有专职司机来操纵 （2）无司机的电梯：指不需要专职司机，而由乘客自己来操纵 （3）有、无司机电梯：可以根据需要及客流量来转换控制方式，即选择是有司机操纵还是无司机操纵

电梯的基本结构包括四大空间、八大结构。四大空间中指机房、井道及地坑、轿厢、层站。以下分别介绍八大结构。

1. 曳引系统

电梯曳引系统的功能是输出动力和传递动力，驱动电梯的运行。主要由曳引机、曳引钢丝绳、导向轮和反绳轮组成。

（1）曳引机。曳引机为电梯的运行提供动力，一般由曳引电动机、制动器、曳引轮、盘车手轮等组成。曳引机和驱动主机是电梯、自动扶梯、自动人行道的核心驱动部件，称为电梯的"心脏"，其性能直接影响电梯的速度、启制动、加减速度、平层和乘坐的舒适性、安全性，运行的可靠性等指标。

（2）曳引钢丝绳。曳引钢丝绳由钢丝、绳股、绳芯组成。在电梯运行时弯曲次数频繁，并且由于电梯经常处在启、制动状态，所以不但承受着交变弯曲应力，还承受着不容忽视的动载荷。

2. 轿厢和门系统

轿厢是由轿门、厅门、开门机、门锁装置等组成，是电梯的一个重要部位，对乘客的安全关系极大。轿门由门、门导轨架和轿厢地坎等组成。厅门由门、门导轨架、层门地坎和层门联动机构等组成。轿门的开启由操作者或者自动门机控制。自动门机设置在轿厢门口上方，其功能是减轻操作者的劳动强度，保证运行绝对安全并且提高运行效率。

（1）轿厢。轿厢主要由轿厢体和轿厢架组成。

轿厢体由轿厢底、轿厢壁和轿厢顶构成。在门处轿底前沿设有轿门地坎。为了乘客的安全，在轿门地坎下面设有安全防护板。

轿厢架是固定的悬吊轿厢的框架，是由底梁、立柱、上梁以及立柱与轿厢底的侧向拉条所组成的承重构架。

（2）门系统。电梯门分为轿厢门和厅门。轿厢门用来封住轿厢出入口，防止轿内人员和物品与井道相碰撞。厅门用来封住井道出入口，防止候梯人员和物品坠入井道。

3. 重量平衡系统

电梯的重量平衡系统由对重和补偿装置组成。

（1）对重。对重是装置平衡轿厢及电梯负载重量，与轿厢分别悬挂在曳引钢丝绳的两端，可减少电动机功能损耗。对重装置以槽钢为主体所构成的对重架和用灰铸铁制作或钢筋混凝土填充的对重块组成。每个对重块不宜超过60kg，易于装卸，有时将对重架制成双栏，减少对重块的尺寸。

（2）补偿装置。当曳引高度超过30m时，曳引钢丝绳的重量会影响电梯运行的稳定性及平衡状态。当轿厢位于最低层时，曳引钢丝绳的重量大部分作用在轿厢侧。反之，当轿厢位于顶层端站时，曳引钢丝绳的重量大部分作用在对重侧。

因此，曳引钢丝绳长度的变化会影响电梯的相对平衡。为了补偿轿厢侧和对重侧曳引钢丝绳长度的变化对电梯平衡的影响，需要设置平衡补偿装置。

4. 导向系统

导向系统由导轨、导靴、导轨架组成，主要功能是对轿厢和对重运的运动进行限制和导向。

（1）导轨。导轨安装在井道中用来确定轿厢与对重的相互位置，并对它们的运动起导向组偶用，防止因轿厢的偏载产生的倾斜。当安全钳动作时，导轨作为被夹持的支撑件，支撑轿厢或对重。

（2）导靴。导靴引导轿厢和对重沿着导轨运动。轿厢安装四套导靴，分别安装在轿厢上梁两侧和轿厢底部安全钳座下面；四套对重靴安装在对重梁上部和底部。

（3）导轨支架。导轨支架是导轨的支撑架，它固定在井道壁或横梁上，将导轨的空间位置加以固定，并承受来自导轨的各种作用力。导轨支架主要分为轿厢导轨支架、对重导轨支架和轿厢与对重导轨共用导轨支架。

5. 安全保护系统

对电梯的运行必须保证安全，因此设置了机械式、电气式、机电综合式电梯安全保护系统。

（1）机械安全保护装置。当电梯电气控制系统由于出现故障而失灵时，会造成电梯超速运行。这时，就需要依靠机械安全保护装置提供最后的安全防护。对电梯超速的失控现象的机械安全保护装置限速器和安全钳，这两种装置总是相互配合使用。

（2）电气安全保护装置。为了保证电梯的安全运行，在井道中设有终端超越保护装置。实际上，这是一组防止电梯超越下端站（即大楼中电梯的最低停靠层站）或上端站（即大楼中电梯的最高停靠层站）的行程开关，能在轿厢或对重撞底、冲顶之前，通过轿厢打板直接触碰这些开关来切断控制电路或总电源，在电磁制动器的制动抱闸作用下，迫使电梯停止运行。

（3）缓冲器。缓冲器是电梯极限位置的最后一道安全装置。为了保护乘客和设备的安全，必须设置缓冲器吸收或消耗轿厢能量的装置，减少损失。

缓冲器安装在井道底坑上，通常设置三个，正对轿厢缓冲板的两个称为轿厢缓冲器，正对对重缓冲板的一个称为对重缓冲器。缓冲器按结构的不同可以分为弹簧缓冲器和液压缓冲器两类。

如图 7-15 所示为电梯的安全保护装置动作框图。

6. 电力拖动系统

电力拖动系统由曳引电动机、速度检测装置、电动机调速控制系统和拖动电源系统等部分组成。其中曳引电动机为电梯的运行提供动力，速度检测装置完成对曳引电动机实际转速的检测与传递，一般为电动机同轴旋转的测速发电机或数字脉冲检测器。

7. 运行逻辑控制系统

电梯的电气控制系统由控制装置、操纵装置、平层装置和位置显示装置等部分组成。

其中控制装置根据电梯的运行逻辑功能要求，控制电梯的运行，设置在机房中的控制柜（屏）中上；操纵装置是在轿厢内的按钮箱和厅门门口的召唤按钮箱，用来操纵电梯的运行。

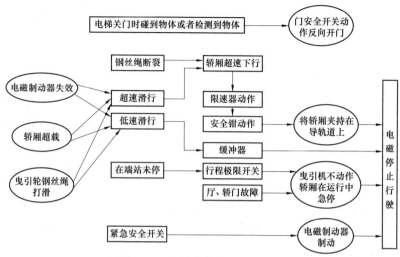

图 7-15　电梯安装保护装置框图

平层装置是发出平层控制信号，使电梯轿厢准确平层的控制装置。位置显示装置是用来显示电梯轿厢所在楼层位置的轿内和厅门指层灯，厅门指层灯还用箭头显示电梯运行方向。

7.2.5　识读电梯电气系统主电路图

电梯电气系统主电路图的绘制结果如图7-16所示。通过读图，可以了解到

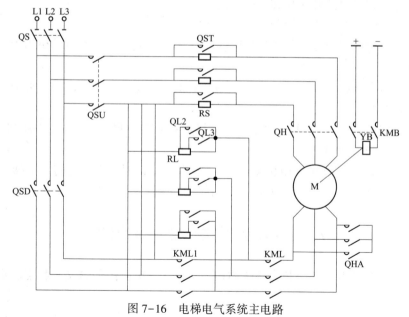

图 7-16　电梯电气系统主电路

组成电梯电气系统的相关设备，如刀开关、电动机、启动电阻等。该电气系统中的设备见表7-2。

表 7-2　　　　　　　　　　　　　　电梯电气系统各设备

符号	名称	备注
YB	电磁铁	制动电磁铁（抱闸用）
RL	降速电阻	电梯降速
KMD	三相交流接触器	电梯下降控制
KMV	三相交流接触器	电梯上升控制
KML1、KML2、KML3	三相交流接触器	电梯降速控制
KML	三相交流接触器	电动机绕组 Y 接（低速）控制
KMB	直流接触器	电动机制动
KMH、KMA	三相交流接触器	电动机绕组 Y 接（高速）控制
KMS	三相交流接触器	电阻降压启动控制
RS	启动电阻	降压启动
M	电动机	电梯主拖动，双速电动机
QS	刀开关	电源开关

在图7-16中，电梯电气系统分别由三个电路组合而成，即串电阻降压启动电路、双速转换电路和正反转控制电路。

电梯电气系统的工作原理如下所述。

（1）接触器 KMS 断开，将启动电阻 RS 串入主电路，此时电动机为串电阻降压启动。

（2）将电动机 M 接成 YY 接法，断开 KML，接通 KMH 和 KMA，此时电动机为高速运行状态。

（3）将电动机 M 接成 Y 接法，接通接触器 KML，断开接触器 KMH 和 KMA，此时电动机为低速运行。

（4）三相交流接触器 KMU 接通，KMD 断开，此时电动机正转，电梯上升。

（5）断开 KMU，接通 KMD，此时电动机反转，电梯下降。

7.3　基本电气控制电路图识读实例

本节介绍基本电气控制电路图的相关知识，如电路图的含义与特点、电气控制电路的原理等。

7.3.1　认识电路图

电路图是电气图的一种，是根据国家有关制图标准，使用规定图形符号绘制的比较简明的电路图。

1. 电路图的作用与特点

电路图是电路原理图的简称，是根据电气线路图简化而来的。电路图的作用是表达电路的工作原理和连接状态，不讲究电气设备的形状、位置和导线走向的实际情况。

电气电路图类似于无线电设备的电原理图，图中的电气设备均采用图形符号和文字符号，并且按照工作顺序排列构成的一种简图。

这种简图对于详细了解电气设备的工作原理或者工作过程，分析和计算电路特性，分析判断故障的大概部位很有好处，也为绘制接线图提供了依据。

电路图可以单独绘制，也可以与接线图、功能图（表）等绘制在一张图纸上。

2. 识读电路图

电路图是电气图的核心内容，看图的难度较大。但是读懂电路图是理解系统或者分系统的工作原理的重要步骤。对于较为复杂的电路图，可以先读懂有关的逻辑图和功能图，这可为迅速读懂电路图提供帮助。

（1）划分各个单元或功能电路。在识读电路图时，首先必须掌握组成电路的各个元器件的基本功能和电气特性。在基本了解整图的基本原理的基础上，再将一个个单独的功能电路框出来，这样就容易抓住每一部分的主要功能及其特性。

接着再在上述读图的基础上，分清楚哪些是主电路和控制电路，哪些是交流电路和直流电路。在读图时，可以按照先看主电路，再看控制电路的顺序进行。

1）先看主电路：一般是从下往上看，即从用电设备开始，经控制元器件，顺次往电源看。

2）接着看控制电路：应该自上而下、从左至右识读图纸，即先看电源，再顺次看各条回路，分析各回路元器件的工作状况及其对主电路的控制。

（2）各个分电路的识读。

1）通过对主电路图部分的识读，主要了解用电设备是如何从电源获得供电的，电源是经过哪些元器件和线路送到负载的。

2）通过对控制部分的识读，一定要了解其实其控制回路是怎样构成的，各元器件之间的连接关系（例如是顺序的还是互锁的）、控制关系及在什么情况下回路能够成为通路状态或断路状态，然后就可了解整个系统的控制原理。

7.3.2　了解电气控制电路图

以电动机或生产机械的电气控制装置为主要的表达对象，表示其工作原理、电气接线、安装方法等的图样，称为电气控制图。

使用选定的导线将电气设备或装置中的所有元件或部件相互连接成电流回路，即可构成一个电气控制回路。

如图 7-17 所示为最基本的电气控制电路原理框图。各种不同的电气控制图都是以此为基础扩展而成的，举例如下。

（1）可以将液压系统过压力和欠压力保护线路与图 7-17 所示电路组合在一起，就可以构成具有液压系统过压力和欠压力自动控制电路。

（2）可以将电动机缺相保护电路与图 7-17 所示电路组合在一起，就构成了具有缺相保护功能的电气控制电路。

（3）工厂将电热蒸馏水断水控制电路与图 7-17 所示电路进行组合，负载不是电动机，而是改为电热元件，正、反转控制仅用正转或反转控制电路来控制电热元件的供电，这样就可以组成具有电热蒸馏水断水保护的电气控制电路。

综上所述，图 7-17 所示的电路框图是识读和检修电气控制电路故障的基础。只要理解该电路方框图的工作原理及电压去向，读懂其他类型的电路图就简单多了。

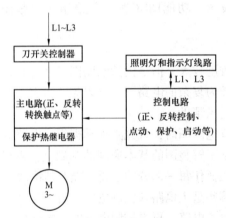

图 7-17　基本电气控制电路原理框图

7.3.3　了解电气控制电路的原理

电气控制电路主要由主电路、控制电路、照明灯和指示灯三部分为主构成，如图 7-17 所示为基本电气控制电路原理示意图。

1. 主电路

如图 7-18 所示三相电动机的基本主电路图，本节以其为例，介绍主电路中各元器件的工作原理。主电路是由电源开关 QS、五只熔断器 FU1～FU5、三动合主触点 KM1-1～KM1-3、热保护继电器 FT、M 三相电动机 M 及相关的连接线共同组成。

（1）QS 开关。在通常情况下，电源开关 QS 多为刀开关，用来控制整个控制线路的三相供电电源。可以通过使用万用表来测量刀开关的好坏。合上刀开关，其输入端与输出端应该导通。

（2）FU1～FU3 熔断器。熔断器又可称为保险管，为整个控制系统的保险装置。出现线路中流过超过规定的过大电流的情况时，熔断器的熔丝会因为发热而熔断，切断线路，可达到防止烧坏线路的连接导线和用电设备，并把故障限制在最小范围内的目的。

　　所以在熔断器的熔丝被烧断后，需要立即查明原因，以及时更换新熔丝，保障生产生活的继续进行。

　　（3）FU4 与 FU5 熔断器。FU4 与 FU5 熔断器用来保护控制电路，其输出的电压是提供给电气控制电路的。

　　（4）热继电器 KT。热继电器由双金属片和围绕在双金属片外面的电热丝（热元件）和锄头三部分组成。

　　热继电器的整定电流是指感温元件长期工作所允许通过的最大电流值，超过该值后，热继电器便动作。整定电流的大小可以通过热继电器上的整定电流装置来调节，一般整定值为被保护设备的额定电流值。

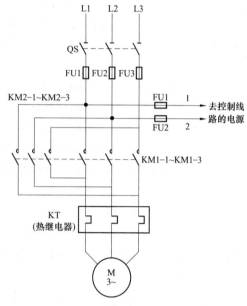

图 7-18　控制三相电动机的基本主电路图

　　2. 控制电路

　　三相电动机正、反转的基本控制电路图如图 7-19 所示。通过观察可得知，电路图主要由 SB1（停机按钮开关）、SB2（电动机正转启动按钮开关）、SB3（电动机反转启动按钮开关）、KM1（电动机正转控制交流接触器）、KM2（电动机反转控制交流接触器）、KT（热保护继电器的闭合触点）及相关的连接线组成。

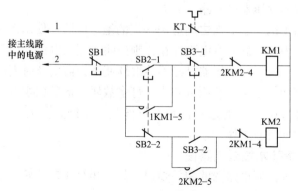

图 7-19　控制三相电动机的基本控制电路图

（1）按钮开关。SB1～SB3 均为按钮开关，在低压控制电路中按钮开关不直接控制主电路，而是被用来接通和分断控制线路，用于手动发出控制信号，操纵交流接触器、继电器或电气联锁线路，以实现对生产机械各种运动的远距离控制。

（2）交流接触器。交流接触器的作用，就是用来接通或者断开带负载的交流主线路或大容量控制线路的自动化切换电器，主要控制对象是各种电动机，但是也可以用来控制其他的电力负载，如电热器、照明、电焊机和电容器组等。

交流接触器不仅可以用来切换和接通线路，且还具有欠电压和失电压释放保护功能。因其容量大，所以适合用于频繁操作和远距离控制，在电气自动控制线路中应用非常广。

3. 照明灯和指示灯电路

如图 7-20 所示为照明灯和指示灯电路图的绘制结果。通过读图可以得知，该电路图由电源变压器 T、指示灯 HL、照明灯 EL 和照明灯开关 SA 及相关的连接线共同组成。

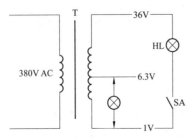

图 7-20　照明灯及指示灯电路图

（1）电源变压器 T。电源变压器 T 是一种电力降压变压器，用于将电压降压后供照明灯和指示灯等使用。

正常的电源变压器的一次绕组由于所绕的漆包线较多、线径较细，因此都有一定的电阻值存在。假如使用万用表测量其电阻值为∞，说明变压器已开路。假如测得的电阻值很小或者为 0Ω，说明变压器局部绕组已出现短路或已烧坏。

一次绕组由于用线较粗，所以其电阻值一般都很小，假如使用万用表测得其电阻值为∞，说明变压器已开路。

电源变压器 T 的一、二次之间应用一定的绝缘电阻，使用万用表 R×10kΩ 挡测量的电阻值应为∞。假如有电阻存在，则说明所测的电源变压器一、二次之间的绝缘已被破坏，这样的变压器已经不能继续使用，需要及时更换。

（2）照明灯和指示灯。照明灯和指示灯多数属于低压白炽灯，其中，照明灯为 36V，指示灯为 6.3V。通过直接观看灯丝是否熔断来判断白炽灯泡是否已损坏，损坏的灯泡要及时更换。

7.3.4　分析基本控制电路图

本节介绍基本控制电路图的相关知识，如三相绕线转子异步电动机控制电路以及三相笼型异步电动机控制电路图的识读方法。

1. 三相绕线转子异步电动机控制电路

（1）时间继电器控制绕线转子异步电动机启动电路图。如图 7-21 示为时间继电器控制绕线转子异步电动机启动电路图的绘制结果，其工作原理为，利用三个时间继电器依次自动切除转子电路中的三级电阻的启动，以达到控制电路的目的。

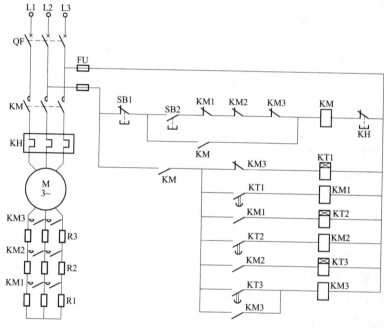

图 7-21　时间继电器控制绕线转子异步电动机启动电路图

1）启动电动机时，首先合上电源开关 QS，接着按下启动按钮 SB2。

2）此时，接触器 KM 通电，并执行自锁动作。

3）与此同时，时间继电器 KT1 通电，它的动合延时闭合触点闭合。而电动机则由于转子绕组串入全部电阻得以启动。

4）当 KT1 延时终了的时候，它的常开延时闭合触点闭合。

5）此时接触器 KM1 线圈通电并动作，切除一段启动电阻 R1 后，接通时间继电器 KT2 线圈。

6）在经过整定的延时后，KT2 的动合延时闭合触点闭合。

7）此时，接触器 KM2 通电，短接第二段启动电阻 R2，同时使时间继电器 KT3 通电。

8）经过整定的延时后，KT3 的常开延时闭合触点闭合。

9）此时，接触器 KM3 通电动作，切除第三段转子启动电阻 R3。

10）与此同时，另一对 KM3 常开触点闭合自锁，另一对 KM3 动断触点切断时间继电器 KT1 线圈电路。

11）此时 KT1 延时闭合常开触点瞬时被还原，使得 KM1、KT2、KM2、KT3 依次断电释放。

12）最后仅 KM3 保持工作状态，而电动机的启动过程全部结束。

接触器 KM1、KM2、KM3 动断触点串接在 KM 线圈电路中，如图 7-21 右下角所示。这样串接的目的是为确保电动机在转子启动电阻全部接入的情况下得以安全启动。

假如这 KM1~KM3 这三个接触器中的任一个触点因为机械故障而未能释放，此时启动电阻就没有全部接入。假如在这种情况下启动电动机，则启动电流将会超过整定值，容易造成故障。

但是在启动电路中设置了 KM1~KM3 的动断触点，只要这三个常闭触点中的任一个主触点闭合，则电动机可以保持休眠状态。

（2）转子绕组串频敏变阻器启动电路。转子绕组串频敏变阻器启动电路图的绘制结果如图 7-22 所示。该控制电路在工作过程中有两种控制方式，一种是手动控制，另一种是自动控制。

1）手动控制。

a. 当采用手动控制方式时，首先需要将转换开关 SC 扳至手动位置，即图 7-22 右下角 M 位置。

b. 此时时间继电器 KT 失电而停止动作。

c. 按下启动按钮 SB3，控制中间继电器 KA 与接触器 KM2 的动作。

d. 使用此种方式启动电动机，其启动时间受到按下启动按钮 SB2 与 SB3 的时间间隔的长短的影响。

2）自动控制。

a. 当采用自动控制方式时，首先需要将转换开关 SC 扳至自动位置，即图 7-22 右下角 A 位置。

b. 此时，时间继电器 KT 得电而开始动作。

c. 按下启动按钮 SB2，接触器 KM1 通电并且执行自锁动作。

d. 此时，电动机得以接通电源，转子串入频敏变阻器启动。

e. 与此同时，时间继电器 KT 通电并经过整定的时间后，KT 动合延时闭合触点闭合。

f. 中间继电器 KA 线圈通电并执行自锁动作，使得 KM2 线圈得电，然后铁心吸合、主触点闭合，最后将频敏变阻器短接，RF 短接，得以完成电动机的启动。

在电动机的启动过程中，中间继电器 KA 的两对动断触点将主电路中热继电器 FR 的发热元件短接，以防止在启动过长的情况下，热继电器误动作。

在电动机运行时，KA 动断触点断开，热继电器的热元件此时接入主电路，从而起到过载保护的作用。

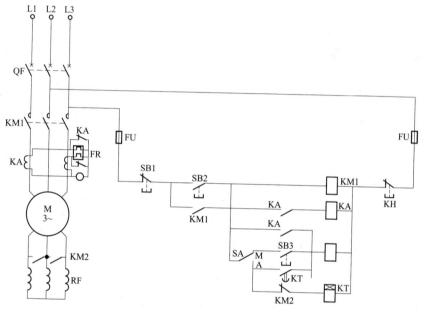

图 7-22　转子绕组串频敏变阻器启动电路图

2. 三相笼型异步电动机控制电路

（1）直接启动电路。如图 7-23 所示为电动机直接启动电路，以下简要分析其工作原理。

1）电动机工作时，首先合上电源开关 QF，接着按下启动按钮 SB2，此时接触器线圈 KM 得以通电。

2）当接触器主触点闭合，并接通主电路后，电动机得以启动并运转。

3）同时，并联于启动按钮

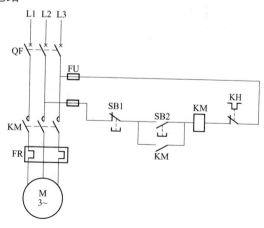

图 7-23　电动机直接启动电路图

SB2 两端的接触器辅助动合触点闭合。此举是为保证在 SB2 松开后，电流可以通过 KM 的辅助触点，继续为 KM 线圈通电，电动机得以保持运转。

4) 因此，并联在 SB2 两端的一对动合触点又称为自锁触点，或者自保持触点。这个保护环节也称作自锁环节。

电路中的保护环节有三种，即短路保护环节、过载保护环节、零电压保护环节。

1) 短路保护环节。短路保护环节带有短路保护的断路器 QF 及熔断器 FU。在主电路发生短路时，断路器 QF 动作，断开电路，起到保护电路的作用。

熔断器 FU 是控制电路的短路保护。

2) 过载保护。热继电器 FR 为电动机在运行过程中实行过载保护。

3) 零电压保护。接触器 KM 的线圈与 KM 的自锁触点组成了电动机的零电压保护。通过自锁触点的供电，KM 线圈得以通电。当线圈失去电压之后，自锁触点、主触点断开，电动机随即停止转动。

当恢复供电电压时，接触器 KM 自锁触点不通，因此电动机不会自行启动。此举避免了由于电动机突然启动而造成了系列损失，如人员伤亡或者设备毁坏等。

上述对电动机所执行的保护称为零电压保护，又叫欠电压保护或者失电压保护。

重新按下启动按钮 SB2，则可使电动机重新运行。

(2) Ｙ-△降压启动电路。如图 7-24 所示为电动机Ｙ-△降压启动电路，以下分析其工作原理。

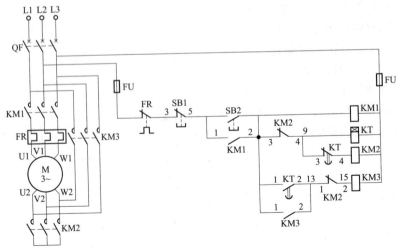

图 7-24　电动机Ｙ-△降压启动电路

1）电气元件。

KM1—启动接触器；

KM2—控制电动机绕组星形连接的接触器；

KM3—控制电动机绕组三角形连接接触器；

KT—时间继电器，控制电动机绕组星形连接的启动时间。

2）启动电动机时，首先合上电源开关 QF，接着按下启动按钮 SB2。

3）此时接触器 KM1、KM2 与时间继电器 KT 的线圈同时得电。

4）且 KM1、KM2 的铁心、主触点闭合，电动机定子绕组 Y 连接启动。

5）此时，KM1 的动合触点闭合自锁，KM2 的动断触点断开联锁。

6）当电动机在 Y 连接下启动并延时一段时间之后，时间继电器 KT 的动断触点延时断开。

7）此时 KM2 线圈失电，铁心释放，触点得以还原。

8）当 KT 的动合触点延时闭合后，KM3 线圈得电，铁心吸合，KM3 主触点闭合。

9）此时可将电动机定子绕组接成三角形连接，电动机即可在全压状态下运行。

10）与此同时，KM3 的动合触点闭合自锁，其动断触点也断开联锁，以使 KT 失电并还原。

（3）自耦变压器降压启动电路。如图 7-25 所示为自耦变压器降压启动电路。

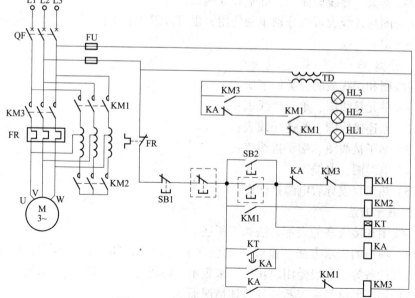

图 7-25 自耦变压器降压启动电路

其工作原理为，当接入三相交流电源时，电源变压器 TD 得电，指示灯 HL1 亮起，表示已接通电源，但是电动机处于停止状态。

1）HL1—电源指示灯；HL2——电动机减压指示灯；HL3——电动机正常运行指示灯。虚线框内按钮可以两地控制。

2）启动电动机时，首先按下启动按钮 SB2，此时 KM1 通电并执行自锁动作。

3）接着 HL1 指示灯灭，HL2 指示灯亮，电动机得以减压启动。

4）此时，KM2 和 KT 得电，时间继电器 KT 动合延时闭合触点经过延时后闭合；在未闭合前，电动机处于减压的启动过程。

5）在时间继电器 KT 延时终了后，中间继电器 KA 通电并执行自锁动作。

6）然后 KM1、KM2 断电，KM3 通电；HL2 指示灯灭，HL3 指示灯亮。

7）此时电动机得以在全压的状态下运转。

7.4 识读电气控制接线图实例

在安装路线、检查路线、维修路线及处理故障时，常常需要使用接线图和接线表作为参考，通过了解线路的大致连接方式来确定安装、维修、检查线路的方式。并且在实际的工作过程中，接线图一般都需要与电路图和位置图一起使用。

7.4.1 接线图和接线表概述

接线图和接线表包含的内容有，项目的相对位置、项目代号、端子号、导线号、导线类型、导线截面积、屏蔽和导线绞合等。

接线图与接线表可以分别单独使用，也可以组合起来使用。主要看实际的使用情况来定。

1. 分类

接线图和接线表的分类如下所述。

（1）单元接线图、单元接线表；

（2）互连接线图、互连接线表；

（3）端子接线图、端子接线表；

（4）电缆图、电缆表；

（5）热工仪表导管电缆接线图。

2. 表示方法

接线图和接线表的表示方法如下所述。

（1）项目的表示方法。接线图中包含多个项目，如元件、器件、部件、组件、成套设备等，一般爱用简化外形来表示，即正方形、圆形、矩形等，有时候也可以使用图形符号来表示，视具体情况而定。

此外，为了方便识读，需要在符号一旁标注项目代号，且所标注的代号要与电路图中的标注相一致。需要注意的是，项目的有关机械特征一般在需要的时候才绘制。

（2）端子的表示方法。通常情况下，使用图像符号和端子代号来表示端子。当使用简化外形来表示端子所在的项目时，可以省略端子符号，仅绘制图像符号。

但是需要区分允许拆卸和不允许拆卸的连接时，一定要在图中或者表中注明。

（3）导线的表示方法。

1）连续线。绘制细实线来表示两端子之间导线的线条是连续的，如图7-26（a）所示。

2）中断线。绘制细实线来表示两端子之间导线的线条是中断的，但是在中断处必须标注导线的去向，如图7-26（b）所示。

通常情况下，接线图中的导线一般都要进行标记，有时候也可是使用色标作为其补充或代替导线标记。可以使用加粗的线条来表示导线组、电缆、缆形线束等图形。也可选择将部分线条加粗，如图7-26（c）所示，但是不能引起误解。

在一个单元或成套设备包括几个导线组、电缆、缆形线束时，这些图形之间的区分标记一般采用数字或者文字。

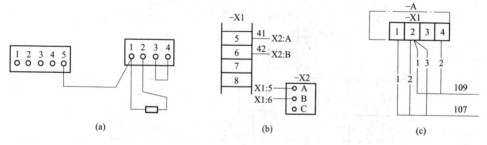

图7-26 导线的表示方法

（a）连续线；（b）中断线；（c）线条加粗

7.4.2 认识单元接线图与接线表

单元接线图与接线表主要用来表示单元内部的连接情况，一般不包括单元之间的外部连接。假如需要可以绘制与之相关的互连图的图号。

1. 单元接线图

单元接线图一般按照各个项目的相对位置来布置。应该选择最能清晰地表示出各个项目的端子和布线的单元接线图。假如一个视图不能清除地表示多面布线时，可以使用多个视图来组合表示。

当出现项目间彼此重叠成几层来放置时，应该将这些项目的位置进行调整或者将其移动出视图，为方便识读，还需要另外加注说明。

在项目具有多层端子的时候，应该延伸绘制被遮盖的部分的视图，还需要加注以说明各层接线的关系。如图 7-27 所示为 LW2 型转换开关各触头视图的绘制结果。

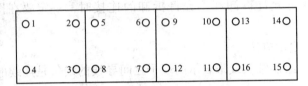

图 7-27 LW2 型转换开关各层触头视图

可以使用连续的线段来表示单元接线图中各项目之间或者端子之间的连线（如图 7-28 所示），也可以使用中断线来表示（如图 7-29 所示）。

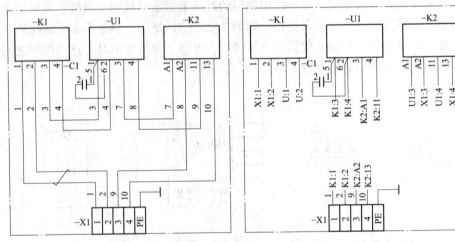

图 7-28 连续线表示法   图 7-29 中断线表示法

需要注意的是，每根导线的两端都要标注相同的导线号。但是使用中断线来表示单元接线图时，除了标注导线号之外，还需要在中断处使用"远端标记"来标明导线的去向。

在绘制控制屏、控制盘、控制台内部安装接线图中的设备另有单元接线图时，可以仅绘制盘内端子排的外框，但是需要在框内注明设备名称及单元接线图的图号。

可以使用线束来表示该端子排至各设备的连线，并且需要标注"远端标记"和导线根数。控制屏（盘）、台内部安装接线图中的接线示例如图7-30所示。

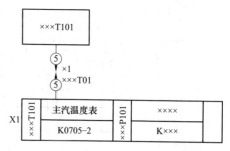

图7-30　控制屏内部安装接线图

2. 单元接线表

单元接线表所包含的内容有，线缆号、线号、导线型号、规格、长度、连接点号、所属项目的代号和其他说明等内容。

表7-3为绘制完成的单元接线表，表格表示的是图7-28、图7-29的内容。

表7-3　　　　　　　　　　　　　　　　　单元接线表

线缆号	线号	线缆型号及规格	连接点1			连接点2			附注
			项目代号	端子号	备考	项目代号	端子号	备考	
	1		—K1	1		—X1	1		
	2		—K1	2		—X1	2		
	3		—K1	3		—U1	3		
	4		—K1	4		—U1	4		
	5		—U1	1		—C1	1		
	6		—U1	2		—C1	2		
	7		—K2	A1		—U1	5		
	8		—K2	11		—U1	6		
	9		—K2	A2		—X1	3		
	10		—K2	13		—X1	4		

7.4.3　认识互连接线图与互连接线表

互连接线图与互连接线表通常用来表示单元之间的连接情况，一般不包括单元内部的连接。但是可以按工作要求绘制与之相关的电路图或者标注单元接线图的图号。

1. 互连接线图

在绘制互连接线图时，应保持各个视图都绘制在一个平面上，用来表示单元之间的连接关系。其中，使用点划线来表示各单元的围框。可以选用连续线（如图7-31所示）或者中断线（如图7-32所示）来表示各单元之间的连接关系。

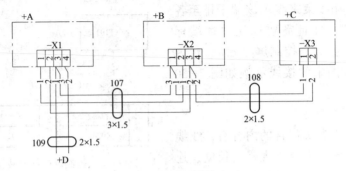

图7-31 使用连续线表示

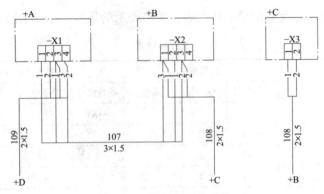

图7-32 使用中断线表示

2. 互连接线表

互连接线表的内容包括，线缆号、线号、线缆的型号和规格、连接点号、项目代号、端子号以及其他说明等。

表7-4为互连接线表的绘制结果，表格表现的是图7-31与图7-32的内容。

表7-4   互连接线表

线缆号	线号	线缆型号及规格	连接点1			连接点2			附注
			项目代号	端子号	备考	项目代号	端子号	备考	
107	1		+A—X1	1		+B—X2	2		
	2		+A—X1	2		+B—X2	3		
	3		+A—X1	3	109.1	+B—X2	1	108.2	
108	1		+B—X2	1	107.3	+C—X3	1	108.1	
	2		+B—X2	3	107.2	+C—X3	2		

续表

线缆号	线号	线缆型号及规格	连接点 1			连接点 2			附注
			项目代号	端子号	备考	项目代号	端子号	备考	
109	1		+A—X1	3	107.3	+D			
	2		+A—X1	4		+D			

7.4.4 认识端子接线图与端子接线表

端子接线图与端子接线表一般用来表示单元和设备的端子及其与外部导线的连接关系。不包括单元或设备的内部连接，但可以根据需要提供与之相关的图纸图号。

1. 端子接线图

端子接线图的绘图规定如下所述。

（1）端子接线图的视图要与端子排接线面板的视图相一致，各端子应按其相对位置来表示。

（2）端子排的一侧标明至外部设备的远端标记或回路编号，另一端则标明至单元内部连线的远端标记。

（3）端子的引出线宜标注线缆号、线号和线缆的去向。如图 7-33 所示为 A4 柜与 B5 台带有本端标记的两幅端子接线图。在图中，每根电缆末端标示着电线号及每根电缆的缆芯号。不管已连接或者未连接的备用端子都标注"备用"字样，不与端子连接的缆芯则使用缆芯号。

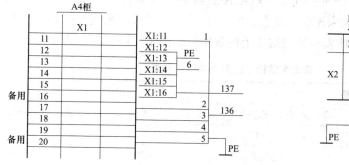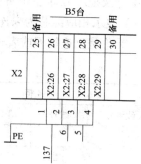

图 7-33　带有本端标记的两幅端子接线图

如图 7-34 所示为带有远端标记的端子接线图，与图 7-33 相同，但是在 A4 柜与 B5 台上标出远端标记。

2. 端子接线表

端子接线表的内容包括线缆号、线号、端子号等，在端子接线表内电缆应该

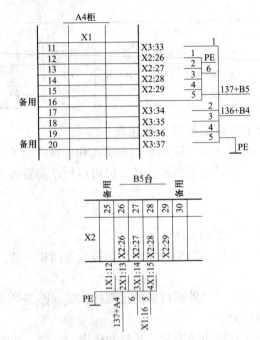

图 7-34　带有远端标记的端子接线图

按照单元（如柜、屏）来集中填写。

表 7-5 是根据图 7-33 来编制的带有本端标记的两个端子接线表格。其中，电缆号及缆芯号标注于每根线上。电缆按照数字顺序组合在一起。单元格中的"—"表示相应缆芯为未连接的状态，"（一）"表示接地屏蔽或保护导线是绝缘的。无论是已连接刀或者未接到端子上的备用缆芯都用"备用"来表示。

表 7-5　　　　带有本端标记的两个端子接线表

A4 柜				B5 台			
线缆号	线号	端子号	本端标记	线缆号	线号	端子号	本端标记
			A4				B5
	PE		接地线		PE		接地线
136	1	11	X1：11	137	1	26	X2：26
	2	17	X1：17		2	27	X2：27
	3	18	X1：18		3	28	X2：28
	4	19	X1：19		4	29	X2：29
备用	5	20	X1：20	备用	5		—

166

A4柜				B5台			
			A4	备用	6	—	
	PE		（一）				
137	1	12	X1：12				
	2	13	X1：13				
	3	14	X1：14				
	4	15	X1：15				
备用	5	16	X1：16				
备用	6	—					

表 7-6 是依照图 7-34 来编制的把远端标记加在端子上的端子接线表。

表 7-6　　　　　　　　带有远端标记的端子接线表

A4柜				B5台			
线缆号	线号	端子号	远端标记	线缆号	线号	端子号	远端标记
136			B4	137			A4
	PE		接地线		PE		（一）
	1	11	X3：33		1	26	X1：12
	2	17	X3：34		2	27	X1：13
	3	18	X3：35		3	28	X1：14
	4	19	X3：36		4	29	X1：15
备用	5	20	X3：37	备用	5		X1：16
137			B5	备用	6	—	—
	PE		接地线				
	1	12	X2：26				
	2	13	X2：27				
	3	14	X2：28				
	4	15	X2：29				
备用	5	16	—				
备用	6	—					

3. 端子接线网格表

端子接线网格表的内容由项目代号、线缆号、线号、缆芯数、端子号及其说明等。表 7-7 是根据图 7-33 来绘制的带有本端标记端子接线网格表。

表 7-8 为根据图 7-34 所绘制的带有远端标记端子接线网格表。

表7-7　带有本端标记端子接线网格表

项目代号 缆号 芯数	1	2	3	4	5	6	7	8	9	10	11	12	13	14	15	16	17	18	19	20	21	22	23	24	中性线N	保护接地线PE
														备用						备用						
端子板 X1											X1: 11	X1: 12	X1: 13	X1: 14	X1: 15	X1: 16	X1: 17	X1: 18	X1: 19	X1: 20						
本端标记 项目代号 缆号 芯数																										
137　7											1		1	2	3	4	5									
136　6																	2	3	4	5						

端子网格表　　A4柜

表7-8　带有远端标记端子接线网格表

	项目代号	缆号	芯数	1	2	3	4	5	6	7	8	9	10	11	12	13	14	15	16	17	18	19	20	21	22	23	24	附注
端子板X1				1	2	3	4	5	6	7	8	9	10	11	12	13	14	15	16	17	18	19	20	21	22	23	24	
远端标记	+B5	137	7											X3: 33	X3: 26	X3: 27	X3: 28	X3: 29	5	X3: 34	X3: 35	X3: 36	X3: 37					
远端标记	+B4	136	6											1	1	2	3	4	5	2	3	4	5					PEINS-6 SP

附注：中性线N、保护接地线PE

端子网格表　A4柜

7.4.5 认识电缆图和电缆表

使用电缆图和电缆表来表示单元之间外部电缆的敷设，也可以用来表示线缆的路径情况。在电缆安装时需要使用到电缆图作为参考，而导线的详细资料则由端子接线图表示。

1. 电缆图

使用电缆图来表示各单元之间的连接电缆，可以使用粗实线来绘制各单元图框。在电缆图中应标注电线编号、电缆型号规格和各单元的项目代号等。

如图 7-35 所示为绘制完成的电缆示意图。

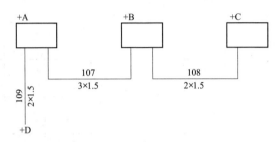

图 7-35　电缆示意图

2. 电缆表

电缆表的内容包括电缆编号、电缆型号规格、连接点的项目代号以及其他说明等。表 7-9 是根据图 7-35 所绘制的电缆表格。

表 7-9　　　　　　　　　　　　　　　　电缆表

电缆号	电缆型号规格	连接点		附注
107	KVV20-3×1.5	+A	+B	
108	KVV20-2×1.5	+B	+C	
109	KVV20-1×1.5	+A	+D	

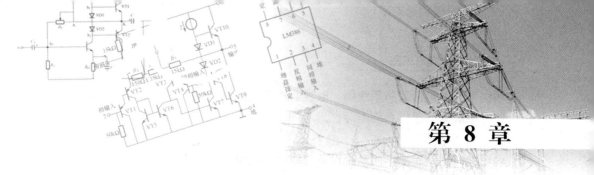

第 8 章

建筑弱电系统图识读实例

本章介绍建筑弱点系统图的相关知识，如弱电工程的内容、火灾报警与消防控制图、安全技术防范图以及有线电视工程图、电话系统图等的识读方法。

8.1 了解弱电工程

建筑弱电工程是建筑电气工程项目中的一类重要项目之一，涉及建筑智能化信息化工程的各个方面，如楼宇自动化控制系统、安防系统、消防报警系统、网络通信系统、办公自动化系统、闭路电视系统等。

8.1.1 建筑弱电工程简介

建筑弱电系统的主要功能是实现能量的转换，如将电能转化为光能的电气照明系统、将电能转换为机械能的电梯系统等。弱电系统的功能是实现信息的处理和信号的传输，通常由多个复杂的子系统组成。

普通的建筑弱电系统有消防自动报警系统（FAS）、安保监控系统、卫星接收及有线电视系统（CATV）、通信系统等。

由于建筑弱电系统的引入，使得智能建筑的自动化程度大大提升，增加了建筑物与外界的信息交流，创造了安全、舒适、便捷的生活与工作环境。

8.1.2 建筑弱电工程图的内容与分类

建筑弱电工程图是阐述弱电工程的结构与功能，描述弱电系统设备装置的工作原理，提供安全接线与维护使用信息的施工图。

1. 首页

首页的内容包括弱电工程图的图纸目录、图例、设备明细表、设计说明等。图纸目录通常先列出新绘制的图纸，再列出本工程选用的标准图，最后列出重复使用的图。内容有序号、图纸名称、编号、张数等。

2. 弱电系统图

弱电系统图用来表示整个工程或其中某一项的信号传输之间的关系，有时候也用来表示某一装置各主要组成部分之间的信号联系。

弱电系统图包括消防系统图、电视监控系统图、共用天线系统图、电话系统图、安防系统图、通信系统图等。

3. 弱电平面图

弱电平面图是表示不同系统设备与线路平面位置的图例，是进行建筑弱电设备安装的重要依据。弱电平面图是决定设备、元件、装置与线路平面布局的图纸。

弱电平面图包括总弱电平面图与各子系统弱电平面图。

4. 设备布置图

设备布置图主要表示各种电气设备平面和空间的位置、安装方式及其相互关系。设备布置图由平面图、立面图、断面图、剖面图和各种构建详图组成，通常情况下都按照三面视图的原理来绘制。

5. 电路图

电路图又称为电气原理图或原理接线图，是用图形符号且按照工作顺序来排列，详细表示电路、设备或成套装置的全部基本组成及连接关系，而不需要考虑其实际位置的一种简图。

6. 安装接线图

安装接线图又称大样图，是表示某一设备内部各种电器元件之间位置关系及接线关系，用于设备安装、接线、设备检修。是与电路图相对应的一种图。

7. 主要设备材料表及预算

设备材料表是把某一工程弱电系统所需要的主要设备、元件、材料和相关数据列成表格，表示其名称、符号、型号、规格、数量、备注等内容，应该与图纸结合起来阅读。根据建筑弱电工程图所编制的设备材料表及预算，应该作为施工图设计文件提供给相关的建设单位。

8.2 火灾自动报警及消防控制系统图识读实例

本节介绍火灾自动报警及消防控制系统图的相关知识，首先介绍消防控制系统的组成、火灾报警控制器的分类等，最后介绍火灾报警与消防控制系统图的识读步骤。

8.2.1 了解消防控制系统

建筑消防控制系统由火灾探测器部分、自动报警部分、火灾联动部分、自动喷淋灭火器部分、火灾控制中心部分组成。

如图 8-1 所示为建筑消防系统的组成示意图。

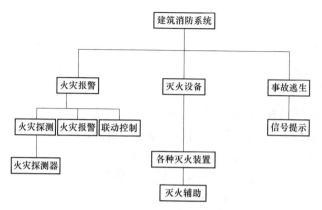

图 8-1　建筑消防系统的组成示意图

1. 火灾探测器

火灾探测器是负责对控制区域内的火情进行检测的装置，通常情况下多安装在所要检测的现场。当火灾发生时，探测器能够及时探测到火灾信息，并将火灾信息传递到火灾控制中心，再由控制中心进过分析及处理后，发出相应的控制信号并控制各个系统动作。

2. 自动报警

自动报警是负责进行火情报警的。当火灾发生时，接收来自控制中心的信号，驱动声音和光杆报警器装置发出报警信号，对人员进行火灾提示。

如图 8-2 所示为火灾自动报警系统组成示意图。

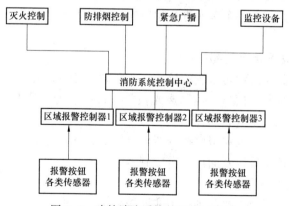

图 8-2　建筑消防系统的组成示意图

3. 自动喷淋灭火

自动喷淋灭火是在火灾发生后，接收来自控制中心的信号，自动开启喷淋灭火装置，进行相应部分的喷淋灭火。

4. 火灾联动

火灾联动的控制内容是多项的，主要有防排烟联动控制、消防水泵联动控制、火灾广播联动控制、事故应急照明联动控制，与公安消防部分的联动控制等。

（1）防排烟联动控制。防排烟联动控制的目的是，在发生火灾时，控制系统控制排烟机开启，为火灾现场排除烟雾，同时控制相应的隔离门自动关闭。

（2）消防水泵联动系统。消防水泵联动系统是在发生火灾时，为了保证消防水管内的供水压力，由系统控制自动开启消防专用水泵机组，为消防供水提供压力保证。

（3）火灾广播联动系统。火灾广播联动系统的作用是，当发生火灾时，火灾控制系统自动将公共广播系统切换到火灾事故状态，此时，广播系统将火灾信息自动播放，以提示人们进行疏散和扑救。

（4）事故照明联动系统。事故照明联动系统的作用是，在发生火灾时，控制系统自动将事故照明系统开启，为人员疏散逃生和消防人员灭火提供必要的照明。

（5）与公安消防部门的联动系统。与公安消防部分的联动控制就是以方便在发生火灾时，控制系统自动将火灾信息传送到公安消防部门，以方便公安消防部门做出相应的灭火帮助。

5. 火灾控制中心

火灾控制中心也称为火灾控制器，是将火灾探测器输入的火灾信息进行分析、处理，然后去控制各个单元进行相应的动作。火灾控制系统的核心是计算机系统。

8.2.2 火灾报警控制器

火灾报警控制器是消防系统的核心，主要功能是为火灾探测器提供供电、接收和处理来自探测器的信号、控制声光报警、将信息传递到上一级的监控中心，同时能完成与其他系统的联动控制。

按照用途来划分，火灾报警控制器可以划分为三种类型，分别为区域报警控制器、集中报警控制器以及通用报警控制器。

1. 区域报警控制器

区域报警控制器可以接收火灾探测器输出的多路火灾信息，并进行相应的控制与输出。其工作原理是以 CPU 为核心控制来进行的。

（1）区域报警控制器的工作原理。在系统接电后，CPU 立即进入初始化程序，对 CPU 本身以及外围电路进行初始化操作。然后转入主程序的执行，对探测器总线上的各个探测点进行循环扫描、采集信息，并对采集来的信息进行分析和处理。

当发现火灾信息和设备故障信息，立即转入相应的处理程序，发出声光报警、打印起火部位时间等信息，还可将这些信息存入内存以方便查询，与此同时向集中报警控制器传输火警信息。

（2）区域报警控制器包括的单元。

1）声光报警单元。是将火灾探测器输入的火警信号处理后发出报警信号，并在监视器上显示出火警发生部位。

2）记忆单元。记忆单元的主要功能是记忆下第一次报警的时间。

3）输出单元。输出单元的主要作用是将本区域内检测到的火警信号传递到集中报警控制器进行火灾报警，同时，向各个联动系统输出控制信号，使相应的联动装置动作。其向各个联动装置输出的控制信号可以是电位信号，也可以是继电器触电信号。

4）检查单元。检查单元的主要作用是对报警系统进行自动检测，主要是进行下列故障的检测和判断。

a. 检查区域报警控制器与火灾探测器之间的连接线是否出现断路。

b. 检查火灾探测器的接线是否不良，探测器是否被摘除。

当自动检测电路发现有线路出现故障时，显示装置上的黄灯亮起，同时想起报警提示声。

5）电源单元。电源单元是将 AC220V 变换成 DC24、18、10V 等电压，主要是为报警控制器本身的电路和探测器提供工作电源。

2. **集中报警控制器**

集中报警控制器是接收区域报警控制器输出的多路火灾信息。从系统来看，集中报警控制器是区域控制器的上位控制器。

（1）集中报警控制器的功能单元。

1）声光报警单元。集中报警控制器的声光报警与区域报警控制器的声光报警相类似。但特点是其火灾信息是来自区域报警控制器，且显示区域与地点是建筑的楼层、房间号。集中报警控制器也可以接收来自火灾探测器输出的信号。

2）记忆单元。记忆第一次报警的时间。

3）输出单元。当火灾信息确认之后，输出单元输出联动控制信号。

4）总检查单元。总检查单元是检查集中报警控制器与区域报警控制器之间是否有短路、断路、接触不良等故障，以确保系统工作可靠。

5）巡检单元。巡检单元是周而复始地接收发自各个区域报警控制器的检测信号，以判定各个区域报警控制器是否正常，保持集中报警控制器与各个区域控制器的实话控制。

6）电话单元。通常可以在集中控制器内设置一部与119通信的电话。

7）电源单元。检测电源的状态。

（2）报警功能。集中报警控制器在接收到某一区域报警控制器发来的火灾信号或故障信号后，可以自动对相应的火灾或故障部位进行巡检，确认后发出声光报警信号。

（3）故障自动检测功能。可以集中报警控制器与区域报警控制器之间的连接、区域报警控制器接口连接、本机工作状态等情况进行自动的检查，假如出现问题，集中报警控制器可以发出声光报警信号。

如图8-3所示为集中报警控制器的控制原理框图。

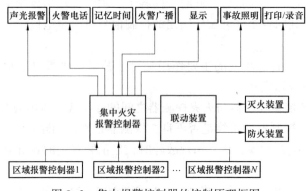

图8-3　集中报警控制器的控制原理框图

3. 通用报警控制器

通用报警控制器是区域报警控制器与集中报警控制器兼用的多路报警控制器。

8.2.3　认识火灾消防系统的主要设备

火灾消防系统的主要设备有报警系统、消防联动系统、防排烟系统等，本节分别介绍各类系统的特性。

1. 火灾报警系统与消防联动系统

（1）火灾报警系统与消防联动系统的组成部分。火灾报警系统与消防联动系统主要由触发器件、火灾报警装置、火灾警报系统以及控制装置组成，是人们为了早起发现通报火灾并及时采取有线措施，控制和扑灭火灾而设置在建筑中或者其他窗锁的一种自动消防措施。

（2）火灾探测器。火灾探测器是整个系统中最早发现火情的设备。其中设备的主要参数有额定工作电压、允许压差、监视电流、报警电流、灵敏度、保护半径和工作环境等。

（3）火灾报警控制器。火灾报警控制器的电源用该由主电源和备用电源互补的两部分组成。主电源为220V交流市电，备用电源通常选用可允放电反复使用的各种蓄电池，常用的有镍镉电池、免维护碱性蓄电池、铅酸蓄电池等。

火灾报警器的接线形式主要有三线制、四线制、两线制、全总线制以及二总线制等。

（4）手动报警按钮。手动报警按钮是由人工手动方式操作的火灾报警辅助设备，通常设置在建筑物的走廊、楼梯后以及人员密集的公共场所的明显及便于操作的部位，以便在发生火灾时，敲碎有机玻璃片，由人工直接进行手动操作向火灾报警控制器或消防控制器发出火灾报警信号。

（5）联动控制模块。联动控制模块是集控制和计算机技术的现场消防设备的监控转换模块，在消防控制中心远方直接手动或联动控制消防设备的启停运行，或者通过输入模块监视消防设备的运行状态。

2. 防排烟系统

（1）排烟系统的组成。排烟系统是由挡烟垂壁、机械排烟口、排烟管道、排烟机、排烟防火阀以及电气控制等设备组成。

（2）防排烟系统的控制要求。防排烟系统的控制形式除了有特殊要求外，可设置自动状态和手动状态。自动状态一般由火灾探测器或火灾报警控制器联动控制实现。手动状态一般在设备现场由启停按钮手动控制实现或由消防控制中心直接发出操作指令。

（3）防排烟系统的操作。在发生火灾时以及在火势发展的过程中正确地控制和监视防排烟设备的动作顺序，可以使建筑物内防排烟达到理想的效果，以保证人员的安全疏散和消防人员的顺利扑救。

消防控制中心即防灾中心，一般设在建筑的疏散层或者疏散层邻近的上一层或者下一层，用来对大型防排烟设备进行控制和监视。

（4）防排烟设备的联动控制。防排烟设备包括正压送风阀、排烟风机、排烟防火阀、排烟阀等。一般由控制电路完成开启或运行功能，通常情况下也可通过火灾报警与联动系统进行自动控制，也可在紧急情况下由人工手动控制。

（5）防火门以及防火卷帘的控制。防火门及防火卷帘都是防火分隔物，功能是隔火、阻火、防止火势蔓延，其动作通常与火灾报警系统连锁。

3. 自动喷水灭火系统

（1）自动喷水灭火系统的类型。根据系统中所使用的喷头形式不同，自动喷水灭火系统可以分为闭式系统、雨淋系统、水幕系统和自动喷水泡沫联用系统等类型。

(2) 自动喷水灭火系统的选型。

1) 自动喷水灭火系统的系统选型，应根据设置场所的火灾特点或者环境条件确定，露天场所不宜采用闭式系统。

2) 环境温度不低于4℃，且不高于70℃的场所应该采用湿式系统。

3) 环境温度低于4℃，或者高于70℃的场所应该采用干式系统。

4) 采用预作用系统的要求如下所述。

a. 系统处于准工作状态时，严禁管道漏水。

b. 严禁系统误喷。

c. 替代干式系统

5) 灭火后必须及时停止喷水的场所，应该采用重复启闭预作用系统。

6) 采用雨淋系统的情况如下所述。

a. 火灾的水平蔓延速度快、闭式喷头的开放不能及时使喷水有效覆盖着火区域。

b. 室内净空高度超过闭式系统场所的最大净空高度（m）时，且必须迅速扑救初期火灾。

c. 严重危险级Ⅱ级。

7) 存在较多易燃液体的场所，按下列方式之一采用自动喷水——泡沫联用系统。

a. 采用泡沫灭火剂强化闭式系统性能。

b. 雨淋系统前期喷水控火，后期喷泡沫强化灭火效能。

c. 雨淋系统前期喷泡沫灭火，后期喷水冷却防止复燃。

4. 室内消火栓灭火系统

室内消火栓灭火系统由消防给水设备（包括给水管网、加压泵及阀门等）和电控部分（包括起泵按钮、消防中心起泵装置以及消防控制柜等）组成。

(1) 室内消防给水管网。室内消防给水管网由引入管、消防干管、消防竖管等构成的消防环网和配件、附件组成。

(2) 室内消火栓。室内消火栓设置在室内，与室内消防给水管网连接，用于连接水带和水枪，直接扑救火灾，是扑灭室内火灾的常备灭火设施。

室内消火栓由开启阀门和出水口组成。在设置有室内消防给水的建筑物内，各层（无可燃物的设备层除外）以及在消防电梯前室均应设置消火栓，一般都安装在有玻璃门的消防箱内。

5. 自动气体灭火系统

(1) 二氧化碳灭火系统。二氧化碳灭火系统是由二氧化碳供应源、喷嘴和管路组成的灭火系统。二氧化碳在空气中很亮达到15%以上时可以使人窒息死亡，达到 30%～35%时，可以使一般可燃物质的燃烧逐渐窒息，达到 43.6%时，可以抑制汽油蒸汽及其他易燃气体的爆炸。二氧化碳灭火系统就是利用通过减少空气中氧的含量，使其达不到支持燃烧的浓度而达到灭火的目的。

（2）卤代烷灭火系统。卤代烷灭火系统是由卤代烷供应源、喷嘴和管路组成。通常应用的卤代烷灭火系统主要有 1301 灭火系统和 1211 灭火系统。1211 和 1301 都是无色的气体，相对密度都约为空气的 5 倍，且都易于用加压的方式使其液化。

8.2.4　识读火灾自动报警和消防控制系统图

如图 8-4 所示为火灾自动报警和消防联动控制系统图的绘制结果，本节以本图为例，介绍火灾系统的工作原理。

1. 火灾自动报警系统概述

（1）系统设备。在火灾自动报警系统中，消防中心通常情况下设置由火灾报警控制器以及联动控制器、CRT 显示器、消防广播及消防电话，还配有主机电源以及备用电源。

其中，建筑物中的每层楼都分别装设了楼层火灾显示器。火灾自动报警采用二总线的方式输入，每一回路都装设感烟探测器、水流指示器、感温探测器、消火栓按钮以及手动报警按钮、短路隔离器等设备。

（2）联动控制。联动控制为总线制、多线制输出，通过控制模块或者双切换盒与设备相互连接，设备的种类有消防泵、喷淋泵、排烟风机、正压送风机、电梯、稳压奔流、新风机、空调机、防火阀、防火卷帘门、排烟阀、正压送风警笛等。

其中，报警装置主要有声光报警器、消防广播等。

（3）灭火原理。

1）当楼面发生火灾并且被火灾探测器探测到之后，火灾探测器立即将险情传输给火灾自动报警器。

2）经过消防中心确认后，CRT 显示出火灾的楼层及其相对应的部位，同时打印火灾发生的时间与地点。并开启消防广播以指挥灭火。

3）火灾重复显示器显示着火的楼层与部位，指挥人们前往安全的地方避难。

4）联动装置开启着火区域上、下层的排烟阀与排烟风机，启动避难区域的正压送风机并且打开正压送风阀。

5）此时，关闭热泵、供回水泵以及空调器送风机的电源，并将电梯降至底层；关闭电动防火卷帘门，防止火势蔓延。

6）消防电梯切换到备用电源上，并接通事故照明与疏散照明，切断一切非消防电源。

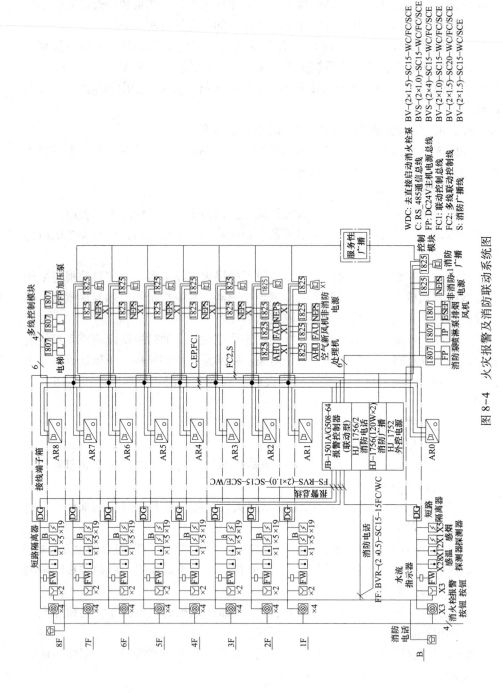

图 8-4 火灾报警及消防联动系统图

7) 在自动消防系统的喷淋头喷水后，该层的水流指示器由信号传送至消防中心，喷淋泵此时将自动投入运行。

8) 此时消火栓给水系统可以由消防中心遥控启动，或者将消火栓内的手动报警按钮的玻璃敲碎，接着按钮动作，启动消防泵，使其投入至灭火工作中。

2. 火灾自动报警系统分析

(1) 火灾报警系统基本情况介绍。火灾自动报警及消防联动设备被安装在一层消防及广播值班室。在系统图下方中间的矩形方框内标注了各设备的型号。如，火灾自动报警及消防联动设的型号为 JB-1501A/G508-64，其中，JB 的含义为国家标准的火灾报警控制器，后面的编号多为产品开发商为产品制定的系列编号。

此外，消防电话（HJ-1756/2）、消防广播（HJ-1757（120W×2））以及外控电源（HJ-1752）的型号均已在系统图中标注。

JB 一共有四条回路总线，可以设置为 JN1 ~ JN4。其中，JN1 用于地下层，JN2 用于 1~3 层，JN3 用于 4~6 层，JN4 用于 7~8 层。

(2) 配线情况。报警总线 FS 的标注见系统图中下侧，其标注为 RVS-（2×1.0）-SCE/WC。标注的含义为，2 根截面积为 1mm² 的塑料绝缘软导线，穿过直径为 15mm 的保护管（即水煤气钢管），沿顶棚、墙体暗敷设。

消防电话线 FF 的标注见系统图的左下角，其标注为 BVR-（2×0.5）-SC15-15FC/WC。敷设方式与报警总线相似，不同的是 BVR 为布线和塑料绝缘软导线。

在系统图的右侧有五个回路的标注，通过阅读回路标注，可以得知各回路的导线材料以及安装情况等信息。

在系统图的右下角显示，多线联动控制主要是控制在一层的喷淋泵、消防泵、排烟风机等（这几类设备实际上安装在地下层），其中，从报警控制器引出的导线上标注了导线根数为 6。

(3) 接线端子箱。本例每层楼均安装了一个接线端子箱。在接线端子箱中还安装了短路隔离器 DG，所起的主要作用为，当某一层的报警总线发生短路故障时，可以立即断开发生故障的楼层报警总线。这样做的好处是不会影响其他楼层报警设备的正常工作。

(4) 火灾显示盘。在每层楼中安装一个火灾显示盘（AR0 ~ AR8），可以显示各个楼层。火灾显示盘与 RS-485 通信总线相接，可以显示火灾报警与消防联动设备的信息。由于火灾显示盘还要有灯光显示，因此还需要连接主机电源总线 FP。

(5) 消火栓箱报警按钮。消火栓箱报警按钮即是消防泵的启动按钮。人工用喷水枪灭火最常用的方式即为消火栓箱，在使用人工用喷水枪灭火时，假如给水管网压力低，则要启动消防泵。

消火栓箱报警按钮是击碎玻璃式，将玻璃击碎后，按钮就会自动动作，接通消防泵的控制电路，以使消防泵启动，与此同时也会通过报警总线相消防报警中心传递信息。因此，每个消火栓箱报警按钮会占一个地址码。

在系统图中，从左数起，垂直方向上第二排的图形符号即为消火栓箱报警按钮。在符号的下方标注了"×3"的文字，这是表示地下层有3个消火栓箱。

消火栓箱报警按钮的连接线是4根线，因为消火栓箱的位置不同，因此形成了两个回路，其中每个回路是2根线。

线的标注位于系统图的右侧，即 WDC：去直接启动消火栓泵，BV-（1×1.5）SC15-WC/FC/SCE。其中，每个消火栓箱报警按钮也与报警总线相接。

（6）火灾报警按钮。火灾报警按钮是人工向消防报警中心传递险情信息的一种常用方式，一般要求在防火区的任何地方到火灾报警按钮的距离不超过30m。

从左数起，垂直方向上第三排的图形符号即为火灾报警按钮，"×3"表示地下层有3个报警按钮。火灾报警按钮的样式为击碎玻璃式，当发生火灾需要向消防报警中心报警时，击碎火灾报警按钮即可通过报警总线向消防中心传递信息。

（7）水流指示器。从左数起，垂直方向上第四排的图形符号即为水流指示器 FW，每层楼安装一个。当火灾的发生超过一定的温度时，自动喷淋灭火的闭式喷头感温元件会熔化或者炸裂，此时系统会自动喷水灭火，在这个时候通常需要启动喷淋泵加压。

水流指示器通常安装在喷淋灭火给水的支干管上，当直管有水流动时，水流指示器的电触点闭合，接通喷淋泵的控制电路，使得喷淋泵电动机启动加压。

在这个时候，水流指示器的电触点通过控制模块接入报警总线，向消防中心传递信息。

（8）感温探测器。感温探测器一般应用于火灾发生时很少产生烟或者平时可能有烟的场所，例如会所、餐厅等地方。感温探测器的图形符号为，通过阅读系统图可以得知，在地下层、1层、8层都安装了感温探测器。

从左数起，垂直方向上第五排、第六排为感温探测器符号。其中，在第五排的图形符号上标注了B，表示其为子座，在第六排的图形符号上未标注B，即表示其为母座。

（9）感烟探测器。从左数起，垂直方向上第七排、第八排为感烟探测器的图形符号，在各个楼层都有安装。与感温探测器相似，图形符号上标注了B的为子座（第七排），未标注B的为母座（第八排）。

（10）联动设备。系统图的右侧为联动设备。1807、1825 为控制模块，可以将火灾报警控制器送出的控制信号放大，再控制需要动作的消防设备。

空气处理器 AHU 可以将电梯前厅的楼梯空气进行处理。新风机 FAU 有两台，分别安装在 1 层与 2 层，在发生火灾时启动，用来送新风。

非消防电源即正常用电的配电箱安装在电梯井道后面的电气井中，当火灾发生时需要切换消防电源。

系统中有两类广播，一种是服务性广播。另一种是消防广播。两者的扬声器合用，但是在发生火灾时，会将服务性广播强制切换成消防广播，以方便及时报告险情。

8.3　安全技术防范系统图识读实例

本节介绍安全技术防范系统图的相关知识，首先介绍安全防范系统的含义、视频安防监控系统的组成及特性等，最后介绍防盗报警系统图的识读步骤。

8.3.1　什么是安全防范系统

安全防范系统简称安防系统，又叫综合保安自动化系统，是建筑智能化中的一个不可缺少的子系统，是确保人身、财产及信息资源安全的重要设备系统。

安防系统按照作用范围可以分为外部侵入保护、区域保护和特定目标保护。外部入侵保护主要是防止非法进入建筑物。区域保护是对建筑物内、外部某些重要区域进行保护。特定目标保护是指对一些特殊对象、特定区域进行监控保护。

8.3.2　了解视频安防监控系统

视频安防监控系统是在建筑物内外需要进行安全监控的场所、通道或其他重要的区域设置前端摄像机，通过对被监控区域或场所的场景图像实时传送，实现对这些区域场所的视频监控。

如图 8-5 所示为视频监控系统的基本组成。

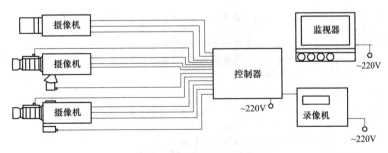

图 8-5　视频监控系统

1. 视频监控系统的功能要求

（1）监控系统应对建筑物内的主要公共活动场所、通道、电梯前室、电梯轿厢、楼梯口及其他重要部位和场所进行有效的监视和记录，再现画面、图像。在特殊的重要部位，应设置能长时间录像和视频报警的装置。

（2）系统的图像显示应能任意编程，能自动或手动切换，在画面上应有摄像机的编号、部位、地址和日期等详细信息。

（3）系统应自成网络可独立运行，也能与入侵报警系统、出入口控制和门禁系统、火灾报警系统、电梯控制等系统联动。当报警发生时能自动对报警现场的图像和声音进行复核，能将现场图像自动切换到指定的监视器上显示并自动录像。

（4）安防监控中心应对视频监控系统进行集中管理和监控。视频监控系统的控制切换及联动等设备均要安装在安防监控中心。

（5）系统应具有自检功能，当系统中摄像机电源线或视频传输线被切断时，视频入侵报警器应发出声、光报警信号。

2. 视频监控设备的选择

视频监控设备的选择应符合国家标准或行业标准，并使各配套设备的性能及技术要求协调一致。

视频监控设备的选择见表 8-1。

表 8-1　　　　　　　　　　　视频监控设备的选择

类别	选择原则
摄像机	（1）应优先选用 CCD 摄像机 （2）监视目标亮度变化范围大或者需要逆光摄影时，应该选用具有自动电子快门和数字背景光处理的摄像机 （3）需要夜间隐蔽监视时，应选用带红外光源的摄像机，或者加装红外灯作光源
视频探测器	（1）视频探测器将监视与报警功能合为一体，可进行实时的、大现场、远距离的监视报警 （2）视频探测器对于光纤的缓慢变化不会触发报警，能适应时辰（早、中、晚）和气候不同所引起的光线变化，因此数字式视频探测器在室内、室外可以全天候使用 （3）当监视区域内出现火光或者黑烟时，图像的变化同样可以触发报警，视频探测器兼有火灾报警和火灾监视功能
镜头	（1）镜头尺寸与摄像机靶面尺寸一致，视频监控系统所采用的通常为 lin（lin = 2.54cm）以下的（如 2/3in、1/2in）摄像机 （2）监视目标视距较大时可以选用望远镜头 （3）监视目标视距较小而视角较大时，可以选用广角镜头，如在电梯轿厢内 （4）监视对象为固定目标时，可选用定焦镜头

类别	选择原则
云台	（1）监视对象为固定目标时，摄像机宜配置手动云台，又称为支架或半固定支架，其水平反向可以调15°~30°，垂直方向可以调±45° （2）电动云台要根据回转范围、承载能力和旋转速度三项指标来选择 （3）电动云台分为室内、室外云台两种，要按照实际使用环境来选用
防护罩	（1）防护罩尺寸规格要与摄像机的大小相配套 （2）室内防护罩有保护、防尘、防潮湿等功能，有的还起到隐蔽作用，例如针孔镜头，半球形玻璃防护罩 （3）特殊环境可选用防爆、防冲击、防腐蚀、防辐射等特殊功能的防护罩
视频切换控制器	（1）控制器的切换比，应根据系统所需视频输入、输出的最低接口路数，并留有适当的发展余量 （2）视频输出接口的最低路数由摄像机、监视器、录像机等显示与记录设备的配置数量及视频信号外送路数决定 （3）应该具有存储功能，当市电中断或者关机时，对所有编程设置、摄像机号、时间、地址等均能记忆
遥控器	（1）遥控器的控制功能，应该根据摄像机所用镜头的类型及云台的选型来确定 （2）当监控点距离较近、较少，且为固定监视时，一般采用直接控制方式，即从控制室直接送出控制电压和电流来控制前端设备 （3）对摄像机摄像管的靶电压、电子束电流、聚焦电压等的控制一般都采用直接控制方式
时间地址信号发生器	发生器能产生并在视频图像上叠加摄像机号、地址、时间等字符，且可以修改
传输部件	（1）采用视频同轴电缆传输方式，当传输距离较远时，配置电缆补偿器，并宜加装电缆均衡器 （2）采用射频同轴电缆传输方式时，应配置射频调制器、调解器 （3）采用光纤传输方式时，应配置光调制器、调解器（即发送、接收光端机）和其他配套附件
监视器	（1）安全防范系统至少应有两台监视器，一台做固定监视用，另一台做时序监视用 （2）根据用户需要可以采用电视接收机为监视器，有特殊要求时可以采用背投式大屏幕监视器或投影机 （3）彩色摄像机应配用彩色监视器，黑白摄像机应配用黑白监视器
录像机	（1）录像机的规格与档次要与摄像机相一致 （2）要求录像的质量高、录像保存时间长的宜采用硬盘录像（即DVR） （3）硬盘录像机（DVR）是将视频图形以数字方式记录、保存在计算机硬盘里，并能在屏幕上以多画面方式实时显示多个视频输入图像
多画面分割器	当控制室受空间限制，并且防范要求不高而监视点较多时，可以选用多画面分割处理器，可以在一台监视器或者录像机上同时显示、录制、重放一路或多路图像

续表

类别	选择原则
同步信号发生器	为了防止切换摄像机时监视器屏幕上画面混乱，需要设置同步信号发生器，给多台摄像机同步工作信号。一台同步信号发生器可以接多台摄像机
解码器	移动式摄像机由微机编码自动控制时，在摄像机外罩里或摄像机安装位置附近应装设解码器

8.3.3　认识出入口控制系统

出入口控制系统又称为门禁系统，是对正常的出入通道进行管理，对进出人员进行识别和选择，可以和闭路电视监控系统、火灾报警系统、保安巡逻系统组合成综合安全管理系统，是智能建筑的重要组成部分。

如图 8-6 所示为出入口控制系统图，由图中可以得知，各种出入口管理控制器电源经由电缆提供，电缆的型号为 BV-(3×2.5)-SC15；此外，在出入口管理主机中引入消防信号，如系统图左侧所示，假如建筑物内有火灾发生，系统会自动将门禁打开。

图 8-6　出入口系统

1. 出入口系统的组成结构

（1）识别装置。识别装置的功能对人员的身份合法性进行识别和验证，是出入口系统的核心部分。只有辨别确认了人员身份的合法性之后才允许在规定地点和时间进入区域内。

（2）门的开闭控制装置。门的开闭控制装置是由电动门、电动锁具、电磁吸合器等各类组成，可以由控制系统来控制其打开和关闭。

（3）门的状态检测装置。门的状态检测就是将门的开闭状态传递到控制系统以及安防控制中心。

（4）门禁控制系统。门禁控制系统是对人员进行识别后控制门的开闭装置，同时可以接收门的状态信息，并且与安防控制中心进行信息的交互。门禁控制系统可以连接多个读卡机和电磁锁，既可以与计算机联网使用，也可单独使用。

2. 出入口系统的识别装置

出入口系统的识别装置是根据人员的特征进行是否是有效身份的识别和验证。人员特征的依据较多，常用的是根据密码和人体生物特征等进行识别。主要有以下各类方式。

（1）磁卡识别。将读卡机可以识别的信息以磁信号的形式存储在磁卡中，使用时，由读卡机进行识读，从而确定是否是合法的信息，再将信息传递到控制系统，并做出相应的控制。

（2）IC智能卡识别。IC智能卡是将读卡机可以识别的信息以更加严格的手段存储在智能卡中，可以采用非接触式读卡。IC智能卡具有使用寿命长、防水、防尘、防静电、安全性和可靠性高、信息存储量大、使用方便等特点。目前应用最为普遍。

（3）指纹识别。指纹识别系统是将合法人员的指纹信息预存在识别系统中，然后将进入人的指纹信息与预存的指纹信息进行比对，再辨别是否是预存的合法人员。利用指纹信息进行识别的可靠性非常高，因为每个人的指纹是不相同的。目前这种辨别系统的辨别时间为1~6s，拒绝率约为1%。

（4）视网膜识别。视网膜识别是利用光学摄像对比原理，根据每个人视网膜血管分布的差异进行身份的识别。这种识别技术可靠性特别高，目前使用在对人员身份要求较为严格场所的门禁系统中。

除了上述各类识别装置之外，还有声音识别、掌纹识别、人脸识别等。选用何种识别装置，应该从现场的要求以及实际情况进行选择。

3. 门禁系统的可视对角单元

门禁的可视对讲单元是由对讲机、摄像机、显示器、电动锁具以及电源等组成的。门禁对讲单元是对进入者的身份进行识别，经确认后，再决定是否准许其进入。

可视对讲单元由主机（室外部分）与分机（室内部分）组成。主机一般设置在门楼，由摄像机、话筒、扬声器、数字按键等构成；分机设置在房间内部，由话筒、扬声器、显示器和控制门打开的按钮组成。

4. 门禁系统的计算机管理

利用计算机对门禁系统中的各种因素进行管理，可以设定各种管理模式和状态模式。同时可以将各种信息进行处理、记录和存储。

门禁系统的控制功能可以由软件系统支持完成，控制软件的编制要根据现场的实际需要来确定。

5. 与其他子系统之间的联动

将门禁控制单元与电视监控系统、入侵报警系统、火灾自动报警系统等联动，可以使门禁单元的信息向有关子系统传递，方便实施对门禁单元的联动控制。

8.3.4 认识电子巡更系统

电子巡更系统是安全防范系统中的一个子系统。在智能化建筑的主要通道和重要区域设置巡更点，保安人员按规定的巡逻路线在规定的时间到达巡更点进行巡查，在规定的巡逻路线、指定的时间和地点与安防控制中心交换信息。一旦在一定的路段发生了异常情况及突发事件，巡更系统可以及时反应并发出报警。

如图8-7所示为电子巡更系统示意图。

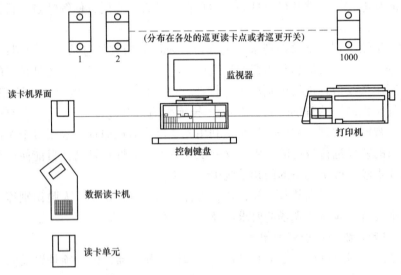

图8-7 电子巡更系统图

1. 巡更系统的组成

电子巡更系统由数据采集器、传输器、信息钮及中文软件四个部分组合而成，此外，附加计算机与打印机可以实现全部传输、打印及生成报表等要求。

（1）巡检器。巡检器又称数据采集器，用来储存巡检记录，最多可以储存4096条数据。内部附带时钟，体积较小，携带方便。在巡检时由巡检员佩带，在采集完成后，通过传输器将数据导入至计算机中。

（2）传输器。传输器又称数据转换器，主要由电源、电缆线以及通信座三部分组成一套数据下载器，可以将采集器中的数据传输至计算机中。

（3）信息钮。信息钮是巡检地点或者巡检人员的代码，安装于需要巡检的地方。可以忍耐各种环境的变化，并且安全防水，不需要电池，多种外形供选择，可用于放置在必须巡检的地点或者设备上。

（4）软件管理系统。软件管理系统可以进行网络传输或者远程传输，可将有关数据进行处理，并对巡检数据进行管理，可提供详细的巡检报告。

管理人员通过计算机读取信息棒中的信息，可了解巡检人员的活动情况，包括经过巡检地点的日期与时间等信息，通过查询分析与统计，可以达到对保安监督与考核的目的。

2. 巡更方式

这里介绍在线巡更方式。在线巡更就是在需要巡视的地点安装读卡机，并编制相应的信息代码。将各个巡更点连接起来，并与控制系统以及中心监控系统相连接。巡更人员携带预先编制好信息代码的 IC 卡，分别在各个读卡点进行刷卡。当发现特殊情况时，可以刷具有特殊信息代码的 IC 卡。通过连接系统可将实时巡视情况传递到控制系统以及监控中心。

3. 离线巡更方式

离线巡更系统主要有信息采集器、通信器、信息卡以及计算机系统等组成。信息采集器由巡更人员携带，信息卡安放在巡视地点。工作时，巡更人员携带信息采集器，按照设定的时间和顺序到各个巡更点刷取相应的信息。巡视完成后，将信息采集器中的信息送入计算机管理系统进行数据的读取以及记录、存储和打印等。

8.3.5 防盗报警系统概述

防盗报警系统是对重要区域的出入口、财务及贵重物品储藏区域的周界及重要部位进行监视、报警的系统。该系统中采用的探测器有动体探测器、振动探测器、玻璃破碎报警器、被动式红外线接收探测器及主—被动发射接收器等。

根据各类建筑对安全防范报警的具体要求以及环境条件因素来确定报警系统的形式。一般常用的报警系统有周界防护报警系统、建筑内区域和空间防范报警系统、重点区域和物体防范报警系统等。

1. 防盗报警系统的设置要求

防盗报警系统不但可以完成本地报警，还能够实现通过有线或者无线通信方式进行联动报警。同时还可以与电视监控系统、中央控制系统等进行信号的传输和信息的交互。

防盗报警系统对设防区域的非法进入实行实时的探测和报警，并且具有报警复核功能，在进行防盗报警设计时，应根据现场的实际情况和实际要求来对探测器的类型、防盗装置的安装以及探测器的数量等进行选择和确定。

防盗系统的防范覆盖区域不得有盲区，并且应该有一定的防范区域的交叉覆盖。一般各个防盗探测器之间要有 1/5 以上的交叉覆盖面。

对防盗报警系统的具体要求如下所述。

（1）多种防范方式。根据建筑以及被保护对象的具体情况，可以在同一个区域内使用多种防盗方式，如可同时采用周界防护、空间防护、重点物体/设备防护等，以提高防护的可靠性。

（2）多种报警方式。采用多种方式报警，报警网络可以自动报警也可手动报警，能在本区域报警，也能实现区域外的联动报警，并能使系统与视频监控系统、门禁系统、安防控制中心系统实现联动报警和控制。与此同时，要满足中央控制系统对防盗报警系统的集中管理与集中监控。

（3）严密的探测装置。要实施对监控区域的严密探测，根据需要能组成从点到线再到面的立体防控空间，以增加探测的精度与可靠性。

（4）设防与撤防功能。要能够根据现场要求，由系统进行程序控制对防范功能进行设防与撤防，以满足维修、调试以及现场的实际需要。

（5）可靠的信号传输。系统能及时准确地传递探测信号，同时，还应该具有系统故障检测与报警提示功能，并能准确地显示出故障部位。

（6）具有防止破坏功能。当系统中的探测器、线路被破坏时，系统能自动发出报警提示信号。

（7）能准确显示和记录报警部位以及相关的情况数据，同时能发出与其他系统联动的接口信号。

（8）重点防范区域的报警。能在中点防范区域设立更加周密的监控装置，当重点防范区域出现警情时，能开启多种记录、存储以及联动设备。

2. 防盗报警系统的基本结构

防盗报警系统作为一个动作系统，由入侵探测器、区域报警控制器、报警控制中心组成。

（1）入侵探测器。入侵探测器由各种具有探测和传感能力的装置组成，主要功能是发现非法入侵者，并将信息传递到区域报警控制器。

（2）区域报警控制器。区域报警控制器是负责建筑某一个区域的控制装置，能对探测器送入的信号进行处理，并相报警控制中心传递。

（3）报警控制中心。报警控制中心可以将各个区域报警控制器输送进的信号进行分析、处理后，发出控制指令，使相应的系统或装置动作。与此同时还负责相公安等安保部门发出联动报警信号。

8.3.6 识读防盗报警系统图

本节分别介绍警报系统接线图以及警报装置控制电路图的识读步骤。

1. 识读警报系统接线图

如图8-8所示为闭路闯入警报系统接线图的绘制结果，以下简要介绍其工作原理。

（1）S1和S2为动断磁簧开关，装设于后入口通道的门上，并接到阻挡接线板 TB-1 上，再通过双线平行电缆接到警报控制装置附近的 TB-2。

（2）S3 位于前门的动断开关，S4 为前门附近的动合键锁开关。将它们接至 TB-3，并且通过四线电缆或者一对双线电缆，将电路延长在 TB-2 上。

（3）电铃、号笛以及闪烁信号灯全部接在 TB-3 上，位置需要在较高处；它们的引线使用绝缘带将其捆绑在一起，从 TB-3 端子 3 和端子 4 引出线接至 TB-2。

（4）接线板 TB-2 与 TB-3 应该装设于金属盒内，防止触电。

（5）TB-1 也要安装于金属盒内，或者安装于隐蔽的场所，防止闯入者将 S1、S2 的旁路拆掉，以影响线路的工作。

（6）TB-2 的端子 2、3、4、5 通过四线缆接在警报控制装置的接线端子上，端子 6、端子 7 的引线需要采用较粗的导线。

（7）端子 8 接地。

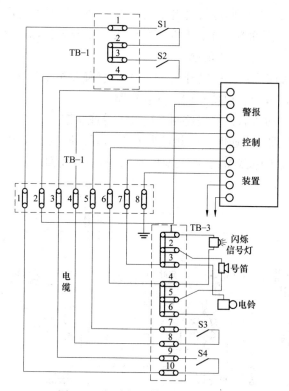

图 8-8 闭路闯入警报系统接线图

2. 识读警报装置控制电路图

如图 8-9 所示为警报装置控制电路图的绘制结果，本节介绍其工作原理。

（1）在如图 8-9 所示的电路图中，端子 8 和端子 9 与交流电源相连接。警报控制装置由电子定时器、继电器、电动式定时开关以及直流电源组成。

（2）当大楼内相关人员正在办公时，开关 S1 处于断开位置（OFF），此时系统不能动作。

（3）到了下班时间，工作人员将 S1 置于接通位置（ON），此时系统则处于工作状态。

（4）警报装置控制系统的工作过程：闭合开关 S1，交流电源被加于变压器 T1 的初级线圈上，通过继电器 K2 的动断触头 1-2 加到变压器 T2 的初级线圈上。

由 T1 供电的桥式整流器输出 6V 直流电使得继电器 K1 吸合，此时 K1 的触头 5-6 闭合，并使得该继电器自锁于通电的位置。

与此同时，6V 交流电从 T2 的次级线圈引出，并被加于继电器 K1 线圈上，此时动断触头 1-2 就会断开。

（5）在一定的延时时间过后（此处要注意的是，延时的时间由电阻 R1 来调整），继电器 K2 线圈通电动作，此时动断触头 1-2 断开，而动合触头 2-3 闭合，并将交流电源加到继电器 K1 的触点 2。

（6）在前门关闭之后，按键开关 S4 被断开，使得继电器 K2 断电释放，此时动断触头 1-2 重新闭合，以使双向晶闸管短路。

（7）执行上述动作后，警报控制系统处于警戒状态。

（8）因为继电器 K1 通电，因此触头 1-2 断开，所以交流电不能通过双向晶闸管和电动式时间继电器 MT，以及变压器 T3 的初级线圈。

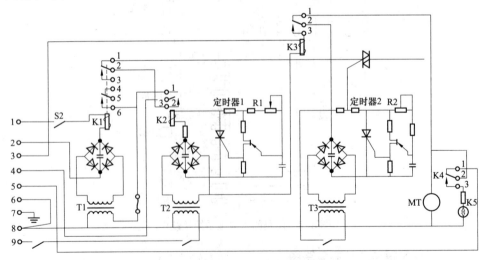

图 8-9 警报控制装置电路图

（9）将按钮 S2 关闭或者将任一个传感器（S1、S2、S3）断开，或者切断闭合回路的导线，将会触发系统。

（10）释放继电器 K1，其触头 5~6 断开，于是切断了通往 T1 初级线圈的电源；此时触头 1-2 闭合，使电压加到电动式时间继电器及其触点 2 上，还可将电压加于 T1 的初级线圈上。

（11）当 MT 的触头闭合后，电铃、号笛以及闪烁信号灯开始工作，及时发出报警信号以提醒人们及时动作。

8.4 有线电视工程图识读实例

本节介绍有线电视工程图的相关知识，首先介绍有线电视系统的功能及组成设备，然后介绍有线电视系统工程图的识读步骤。

8.4.1 认识有线电视系统

在建筑有线电视系统中，要对各种信号进行有效的传输、处理，以保证系统的正常运行。有线电视系统的应用，大大提高了电视信号的质量。

1. 建筑有线电视系统的功能

建筑内部的有线电视系统从功能上要能够完成对城市电视信号的接入、卫星接收信号的接入以及建筑内部自办节目和功能性显示的接入。

建筑有线电视系统的信号来源不同，相应的处理系统也不同，是根据各种信号源的具体情况来设置的。

卫星接收信号系统是由抛物线天线接收后，经过解调器调成视频信号和音频信号，再调制成系统可以使用的信号，经混频、处理后送入终端用户。

对于接入的城市有线电视信号，经过放大处理等再送入终端用户。

2. 有线电视系统的设备

有线电视系统的设备有天线、放大器、混合器和分波器等，本节分别介绍各类设备的特性。

（1）天线。

1）引向天线。又称为八木天线，不仅可以单频道使用，还可多频道使用，具有结构简单、馈电方便、易于制作、风载小等特点，是一种强定向天线。

2）组合天线。又称为天线阵，可以提升天线增益，天线数越多增益越大，同时天线阵抗干扰能力也得到增强。

3）卫星天线。可用来接收卫星发射电视视频信号。

（2）放大器。放大器分为干线放大器、线路延长放大器、分配放大器以及楼栋放大器等。放大器的作用是放大电视信号，用于因电视电缆过长而需补偿分配

193

器或分支器的损耗。

（3）混合器和分波器。在有线电视系统（CATV系统）中，经常需要把天线接收到的若干个不同频道的电视信号合并为一再送到宽带放大器中去进行放大。混合器的作用就是把几个信号汇集成一路而又不相互影响，并且能阻止其他信号通过的滤波型混合器。

分波器正好相反，它是将一个输入端的多个频道信号分解成多路输出，每一个输出端覆盖着其中某一个频段的器件。

（4）同轴射频电缆。同轴电缆用硬铜线为芯，外包一层绝缘材料。同轴电缆具有高带宽和极好的噪声抑制特性，即可用于模拟传输又可用于数字传输。此外，同轴电缆的电气性能较好，适合用于高频信号传输。

（5）分支器。分支器是连接用户终端和分支线的装置，它被串在分支线中，取出信号能量的一部分反馈给用户。不需要用户线，直接与用户终端相连的分支设备，叫做串接单元。分支器由一个主路输入端（IN）、一个主路输出端（OUT）和几个分支输出端（BR）构成。

分支器的作用除将总信号的一小部分在分支上进行输出外，还起到隔离和阻抗匹配的作用。

（6）分配器。分配器是将一路输入信号均等或不均等地分配成两路以上信号的部件。分配器还起隔离作用，使输出端相互不影响，同时还有阻抗匹配作用，各输出线的阻抗都是75Q。

分配器是一种无源器件，经常应用于前端、干线、支干线、用户分配网络，尤其是在楼栋内部，需要大量采用分配器。按照分配器输出的路数可分为二分配器、三分配器、四分配器、六分配器。

按分配器的回路组成分为集中参数型与分布参数型两种。按照使用条件又可分为室内型和室外防水型、馈电型等。在使用中，对剩下不用的分配器输出端必须接终端匹配电阻（75Ω），防止造成反射，形成重影。

8.4.2　识读有线电视系统工程图

如图8-10所示为住宅楼有线电视前端系统图的绘制结果，以下介绍其工作原理。

（1）本例选用民用智能建筑，电视接收天线及两幅卫星电视接收天线都设置在楼顶，有线电视系统前端设置于住宅楼顶层水箱间内。

（2）系统的干线使用SSYI-75-9-1型同轴电缆，穿过直径为32mm的保护管（镀锌钢管），电缆沿地面及墙壁暗敷设。

（3）系统分支线采用2SSYI-75-5-1型同轴电缆，穿过直径为20mm的保护管（薄壁双面镀锌钢管），电缆沿着墙内、现浇板内暗敷设。

（4）电视系统一共接收七个频道（ch）的开路电视节目，分别是 2 频道、10 频道、12 频道、15 频道、21 频道、27 频道、33 频道。

（5）如系统图的右上角所示，15 频道和 21 频道共用一副天线，27 频道与 33 频道共用一副天线，经过分配器分路，并且使用滤波器分离出各自的信号。

（6）使用频道变换器为所有开路电视频道的电视信号做了频道转换，此举是为防止接收的图像上出现重影干扰。

（7）此外，电视系统还接收东经 105.5°以及东经 100.5°两颗卫星的电视节目。

（8）如系统图的左侧图形所示，系统所接收的 105.5°的卫星节目为 NTSC 制式，但是我国的标准彩色电视制式为 PAL。为了使有线电视系统中传送的电视信号统一为我国标准彩色制式，需要在卫星电视接收机后加入电视制式转换器。

（9）如系统图下方所标注的文字所示，前端输出的电平为 104dB。

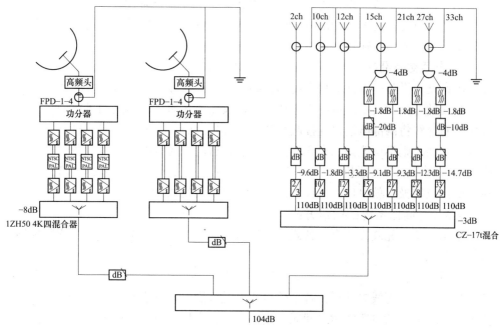

图 8-10　住宅楼有限电视前端系统图

8.5　电话通信系统图识读实例

本节介绍电话通信系统图的相关知识，首先介绍电话通信系统的组成及其配线方式、使用材料，然后介绍电话通信系统图的识读步骤。

8.5.1 认识电话通信系统

电话通信系统由终端设备、传输设备、电话交换设备组成，本节分别介绍这些设备的特性。

1. 终端设备

电话系统中的终端设备指电话机。终端设备的功能是在用户发话时将话音信号或话音信号与图像信号转换成电信号，同时将对方终端设备送过来的电信号还原为话音信号或话音信号与图像信号。

此外，终端设备还具有产生和发送表示用户接续要求的控制信号功能，这类控制信号包括用户状态信号和建立连续信号等。

2. 传输设备

传输设备指的是终端设备与交换中心以及交换中心与交换中心之间的传输介质和相关的设备。传输设备根据传输介质的不同，可以分为有线传输设备和无线传输设备。所传输的电信号既可为模拟信号，也可为数字信号。利用传输设备可以将电信号或光信号输送到远方。

3. 电话交换设备

电话交换设备是电话通信系统的核心。电话通信最初是在两点之间通过受话器和导线的连接，由电的传导来进行，如果仅需要在两部电话之间进行通话，只要用一对导线将两部电话机连接起来就可以实现。假如有成千上万部电话之间需要互相通话，则不可能采用个个连接的办法。这就需要有电话交换设备，即电话交换机，将每一部电话机（用户终端）连接到电话交换机上，通过线路在交换机上的接续转换，就可以实现任意两部电话机之间的通话。

8.5.2 通信系统的配线方式

通信系统的配线方式有单独式、复接式、递减式等，本节分别介绍这些配线方式的特点。

1. 单独式

采用单独式配线方式时，各个楼层的电缆分别采取分别独立的直接供线，所以各个楼层的电话电缆线对之间无连接关系。各个楼层所需要的电缆对数应根据需要来决定，可以相同，也可以不相同。

2. 复接式

采用复接式配线方式时，各个楼层间的电缆线对部分复接或全部复接，复接的线对根据各层的需要来决定。每对线的复接次数通常不超过两次。各个楼层的电话电缆由同一条上升电缆接出，而不是单独供线。

3. 递减式

采用递减式配线方式时，各个楼层线对互相不复接，各个楼层间的电缆线对引出使用后，上升电缆逐段递减。

4. 交接式

采用交接式配线方式时，将整个高层建筑的电缆线路网分为几个交接配线区域，除离总分线箱或配线架较近的楼层采用单独式供线外，其他各层电缆都分别经过有关分线箱与总分线箱或配线架的连接。

5. 合用式

合用式是将上述集中不同配线方式混合应用，所以适用场合较多，特别适用于规模较大的公共建筑。

8.5.3 认识通信系统的使用材料

通信系统所使用的材料有多种，如电缆、光缆、电话线等，本节分别介绍这些材料的特性。

1. 电缆

电话系统的干线使用电话电缆。室外埋地敷设时使用铠装电缆，架空敷设时使用钢丝绳悬挂普通电缆，或使用带自承钢丝绳的电缆，室内使用普通电缆。

常用电缆有 HYA 型综合护层塑料绝缘电缆和 HPVV 铜芯全聚氯乙烯电缆。电缆的对数在 5～2400 对，线芯有两种规格直径 0.5mm 和 0.4mm。

在选择电缆时，电缆对数要比实际设计用户数多 20%，作为线路增容和维护使用。

2. 光缆

光导纤维通信利用激光通过超纯石英（或者特种玻璃）拉制成的光导纤维进行通信。多芯光纤、铜导线、护套等组成光缆。既可用于长途干线通信，传输近万路电话以及高速数据，又可用于中小容量的短距离市内通信，市局同交换机之间以及闭路电视、计算机终端网络的线路中。

光纤通信不仅通信容量大、中继距离长，而且性能稳定，通信可靠，线芯小，重量轻，曲挠性好，方便运输和施工。可以根据用户的不同需要插入不同信号线或者其他线组，组成综合光缆。

光缆的标准长度是（1000±100）m。

3. 电话线

管内暗敷设使用的电话线，常用的是 RVB 型塑料并行软导线或 RVS 型双绞线，要求较高的系统使用 HPW 型并行线，也可使用 HBV 型绞线。

4. 分线箱

电话系统干线电缆与进户连接要使用电话分线箱，也叫电话组线箱或电话交接箱。电话分线箱按要求安装在需要分线的位置，建筑物内的分线箱为暗装在楼道中，高层建筑安装在电缆竖井中。分线箱的规格为 10、20、30 对等，按需要分线数量选择适当规格的分线箱。

5. 用户出线盒

室内用户要安装暗装用户出线盒，出线盒面板规格为 86 型、75 型等。面板分为无插座型和有插座型。无插座型出线盒面板只是一个塑料面板，中央留直径 1cm 的圆孔，线路电话与用户电话机线在盒内直接连接，适用于电话机位置较远的用户，用户可以使用 RVB 导线做室内线，连接电话机接线盒。

有插座型出线盒面板分为单插座和双插座，面板上为通信设备专用插座，要使用专用插头与之连接，现在电话机都使用这种插头进行线路连接，如话筒与机座的连接。使用插座型面板时，线路导线直接接在面板背面的接线螺钉上。

8.5.4 识读电话通信系统工程图

如图 8-11 所示为住宅楼电话通信系统工程图的绘制结果，本节介绍其识读步骤。

（1）工程概况。本例中的电话电缆由室外引入（即系统图右下角线缆），穿越直径为 50mm 的焊接钢管，引入至建筑物中。钢管连接 1 层的 TP-1-1 箱，向左连接另外两个单元分线箱，钢管横向埋地敷设。

单元干线电缆 TP 从 TP-1-1 箱向左下到楼梯的对面墙，干线电缆则从 1 层向上连接至 5 层，往上在 3 层、5 层安装分线箱，并在分线箱中引出本层或者上一层的用户电话线。

（2）识读步骤。

1）进户电缆为 HYA-50（2×0.5）型电话电缆。50（2×0.5）-SC50-FC 表示，电缆为 50 对线，其中，每根线芯的直径为 0.5mm，穿过直径为 50mm 的焊接钢管（SC）埋地敷设（FC）。

2）电话分线箱 TP-1-1 的型号为 STO。其中，50（400×650×160）表示，电缆为 50 对线，箱体的外形尺寸为 400mm×650mm×160mm。安装高度与地面相距 0.5m。

3）进线电缆在箱内同本单元分户线和分户电缆及到下一单元的干线电缆连接。

4）向左阅读系统图，下一单元的干线电缆，即 TP-1-2 电话分线箱的干线电缆为 HYV 型电话电缆。其中，30（2×0.5）-SC40-FC 表示，电缆为 30 对线，每根线的直径为 0.5mm，穿过直径为 40mm 的焊接钢管（SC）埋地敷设（FC）。

5）由 TP-1-1 电话分线箱引出 1、2 层的用户线，其中，两层用户所使用的电话线为 RVS 型双绞线。1（2×0.5）-SC15-FC-WC 表示，每条线路的直径为 0.5mm，穿过直径为 15 的焊接钢管（SC）沿地（FC）、沿墙（WC）敷设。

6）使用一根电缆连接电话分线箱 TP-1-1 与 3 层的电话分线箱，电缆型号为 HYV。其中，10（2×0.5）–SC25–WC 表示，电缆为 10 对线，穿过直径为 25 的焊接钢管（SC）沿墙（WC）敷设。

7）如系统图上部分所示，分别在 3 层、5 层各设电话分线箱，型号均为 STO–10。其中，10（200×280×120）表示，电缆为 10 对线，箱体的外形尺寸为 200mm×280mm×120mm。安装高度与地面相距 0.5m。

8）3 层与 5 层的电话分线箱使用一根电缆连接，电缆为 10 对线。

9）3 层与 5 层的电话分线箱与上下用户的电话出线口连接，电缆的型号为 RVS 型双绞线，每条直径为 0.5mm，每户有两个电话出线口，左右各一户。

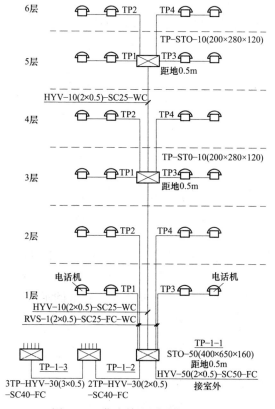

图 8-11　住宅楼电话系统工程图

8.6　广播音响系统图识读实例

本节介绍广播音响系统图的相关知识，首先介绍扩声系统的组成、扩声系统设备的特性、广播音响系统的组成等，最后介绍广播音响系统图的识读步骤。

8.6.1　扩声系统的组成

扩声系统称为专业音响系统，按照用途来分可以分为语言扩声系统及音乐扩声系统两种。

其中，语言扩声系统主要用于业务广播、背景音乐系统、紧急广播系统、客房音响系统。

音乐扩声系统主要用来播放音乐、歌曲和文艺节目等内容，以欣赏和享受为目的，所以对声压级、传声增益、频响特性、声场不均匀度、噪声、失真度和音响效果等方面比语言扩声系统有更高的要求。它主要采用双声道立体声形式，有的还采用多声道和环绕立体声形式，一般以低阻抗地方式与扬声器配接。

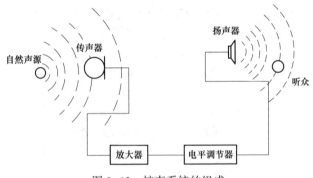

图 8-12　扩声系统的组成

扩声系统由以下几部分组成，将声信号转变为电信号的传声器，放大电信号并对信号加工处理的电子设备、传输线，把电功率信号转变为声信号地扬声器和听众区地声学环境。如图 8-12 所示为扩声系统组成的示意图。

在通常情况下认为，扩声系统包括传声器、放大器、扬声器以及它们之间地连接线。

按照工作环境、声源性质、工作原理、用途、声能分配方式和扩声设备的结构来对扩声系统来进行分类，详情见表 8-2。

表 8-2　　　　　　　　　　　　扩声系统的分类

类型	内容
按工作环境来分	（1）室外扩声系统：反射声小，有回声干扰，扩声区域大，条件复杂，干扰声强，音质受气候条件影响等 （2）室内扩声系统：对音质要求高，有混响干扰，扩声质量受建筑学条件影响较大

续表

类型	内容
按声源性质分类	（1）语言扩声系统 （2）音乐扩声系统 （3）语言和音乐兼用的扩声系统
按工作原理分类	（1）单通道系统 （2）双通道立体声系统 （3）多通道扩声系统
按扬声器布置方式分类	（1）集中布置方式 （2）分散布置方式 （3）混合布置方式

8.6.2　扩声系统的设备

扩声系统地设备是指把声频信号进行高保真放大和加工处理的各种电子设备。如图 8-13 所示为较为完整地高质量扩声设备地低频系统图，该系统可以保证放大、电平调节、监听、监察，并且进行必要的交换转接工作。

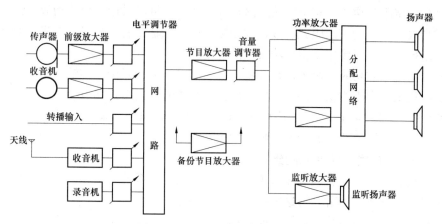

图 8-13　扩声设备地低频系统图

其中，主要的扩声设备介绍如下。

1. 扬声器（音箱）

扬声器是将扩音机输出的电能转换为声能地器件，按照其结构形式的不同，可以分为电动式纸盆扬声器、电动式高音号筒扬声器、舌簧式扬声器。按照音频不同，可以分为低频、中频、高频扬声器。

电动式纸盘扬声器音质最好、规格品种最多，缺点是效率低，适合用于室内

201

对音质要求较高的音乐扩声系统。假如将不同频率地扬声器组合成音柱或者音箱式组合扬声器，则用于厅堂地语言或音乐放音均可得到较为满意的效果。

号筒扬声器容量大、效率高，但是音质较差，仅仅适合用于要求不高地语言扩声系统，而且由于它具有适应露天安装的外壳，所以多用于室外地扩声。

2. 线间变压器（音频变压器）

线间变压器地作用时变换电压和阻抗。变压器地接线头用阻抗值标明地称为定阻式变压器，用电压标明地称为定压式变压器。

选用变压器时，应该注意其标称功率是在给定变压比的情况下能传输地功率，选择时要使变压器地功率稍大于要传输的功率。功率选的过大，变压器体积大、成本高，会造成一定的浪费；而功率选的过小，则损耗加大。严重时，变压器会因为过分发热而烧坏。

线间变压器地效率一般选择在 75%～80%。

3. 功率放大器（功放）

功放的作用是把来自前置放大器或调音台的音频信号进行功率放大，以足够地功率推动音箱发声。

按照功放与扬声器配接的方式可将其分为定压式和定阻式两种。

（1）定阻式功放。对于传输距离较近地系统，可以采用定阻式功放（或者定压式功放）来传输。定阻式功放以固定阻抗的方式输出音频信号，要求负载按规定地阻抗与功放配接才能获得功放地额定效率。

（2）定压式功放。对于远距离传输音频信号，为了减少在传输线上的能量损耗，应该采用定压式功放以高电压的形式进行传输。定压式功放的输出电压一般为 90、120V 和 240V，当传输距离较远时，要采用 240V。假如需要带动多只扬声器，则扬声器地功率总和不得超过功放地额定功率。

8.6.3 广播音响系统的组成

广播音箱系统的组成有厅堂扩声系统、公共广播系统、面向宾馆客房的广播音响系统三部分，本节介绍这些系统的相关特点。

（1）厅堂扩声系统。包括面向歌舞厅、宴会厅、卡拉 OK 厅地音响系统。这种系统应用于综合性地多用途群众娱乐场所。音响设备要有足够的功率，较高档次的还要求有很好地重放效果，应该配置专业音响器材，设计时要注意供电线路与各种灯具地调光器分开。对于歌舞厅、卡拉 OK 厅，还要配置相应的视频图像系统。

（2）公共广播系统。面向公众区的公共广播系统主要用于语言广播，这种系统平时进行背景音乐广播，当出现灾害或者紧急情况时可以切换成紧急广播。

公共广播系统的特点时服务区域面积大，空间宽阔，声音传播以直达为主。

但是如果扬声器地布局不合理，因声波多次反射而形成超过 50ms 以上的延时时，会引起双重声或多重声，甚至会出现回声，从而影响声音的清晰度和声像地定位。

（3）面向宾馆客房地广播音响系统。这种系统由客房音响广播和紧急广播组成，正常情况时向客房提供音乐广播，包含收音机地调幅（AM）、调频（FM）广播波段和宾馆自播地背景音乐等多个可供自由选择地波段，每个广播均由床头柜扬声器播放。在紧急广播时，客房广播被强行中断，紧急广播的内容强行切换到床头扬声器，使得所有的客人能听到紧急广播并采取行动。

8.6.4 广播音响系统的设备

广播音响系统地设备分为节目源设备、信号的放大和处理设备、传输线路和扬声器系统四部分，本节分别介绍这些设备的特性。

1. 节目源设备

相应的节目源设备有 FM/AM 调谐器、电唱机、激光唱机和录音机等。此外，还包括传声器（话筒）、电视伴音（包括影碟机、录像机和卫星电视的伴音）、电子乐器等。

2. 信号放大和处理设备

信号放大就是指电压放大和功率放大，其次是信号的选择处理，即通过选择开关选择所需要的节目源信号。

3. 传输线路

对于厅堂扩声系统，由于功率放大器与扬声器的距离较近，采用低阻抗式大电流的直接馈送方式。对于公共广播系统，由于服务区域广、距离长，为了减少传输线路引起的损耗，经常采用高压传输的方式。

4. 扬声器系统

扬声器是能将电信号转换成声信号并辐射到空气中的电声转换器，一般称之为喇叭，在弱电工程的广播系统中有着广泛的应用。

8.6.5 扩声与音响系统的分类

广播音响系统是现代智能建筑中一个重要的类别，可以从不同的角度将其划分为不同的类型。

1. 根据使用要求来划分

（1）语言扩声系统。

（2）音乐扩声系统。

（3）语言与音乐兼用的扩声系统。

2. 根据不同的工作环境划分

（1）室外扩声系统。

（2）室内扩声系统。

3．根据工作原理来划分

（1）单声道音响系统。

（2）双声道立体声音响系统。

（3）多声道环绕声音系统。

4．根据用途划分

（1）业务性广播系统。

（2）服务性广播系统。

（3）火灾事故报警广播系统。

其中，火灾事故报警广播系统也称为紧急广播系统，是消防系统的一个重要组成部分。没有灾情发生时，没有动作和报警。当发生火灾等紧急状况时才播送报警广播，帮助楼宇内部人员通告火情信息并引导人员疏散。

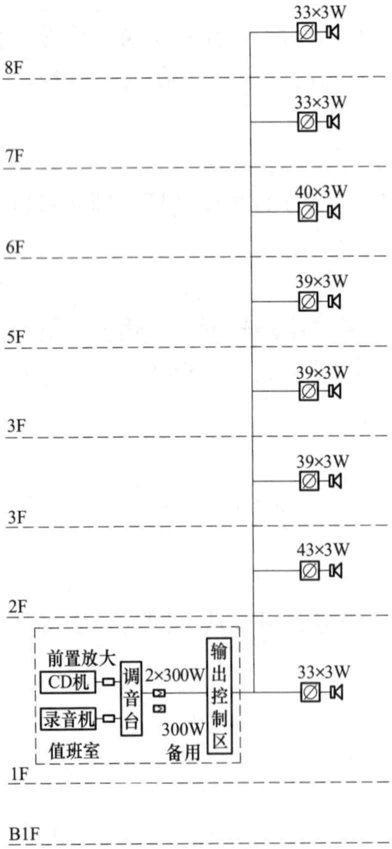

8.6.6 识读广播音响系统图

如图 8-14 所示为广播音响系统图的绘制结果，在图中仅表示了其中一个单元的系统设置，因为各单元的设置方式都一致，因此可以通过解读其中一个单元的线路走向与设备安装来了解整栋建筑物的音响系统的设置。

住宅楼一共九层，其中地上八层，地下一层。广播音响控制系统主机设置在一层值班室，以方便工作人员进行维护。其中，音响系统包括，扩音机、调音台、输出控制板、输入设备。输入设备又包括 CD 机、录音机、话筒等。

输出采用定压式输出，每层按照设计要求设置 3W 扬声器，个数不等。扬声器的主要功能为火灾报警广播、楼内通知广播、背景音乐广播等。

扬声器采用电动式纸盆扬声器，布置在楼内的顶棚。连接导线穿塑料管保护，预埋在顶棚内。按照消防设计的规定，广播音响系统电缆采用阻燃电缆。

图 8-14 广播与音响系统图

8.7 楼宇访客对讲系统工程图识读实例

本节介绍楼宇访客对讲系统工程图的相关知识，首先介绍楼宇访客对讲系统的含义及其组成设备、可视对讲的类型等，最后介绍楼宇系统图的识读步骤。

8.7.1 认识楼宇访客对讲系统

楼宇访客对讲系统指来访客人与住户之间提供双向通话或者可视通话，并且由住户遥控防盗门的开关并且向安保管理中心进行紧急报警的一种安全防范系统。在单元式公寓、高层住宅楼及居住小区等得到广泛的应用。

如图8-15所示为某住宅楼访客对讲系统示意图，该系统由对讲系统、控制系统、电控安全防盗门组成。

（1）对讲系统。由传声器、语言放大器、振铃电路等组成，要求对讲语言清晰、信噪比高、失真度低。

（2）控制系统。采用总线制传输、数字编码解码的方式控制，只要访客按下户主的代码，对应的户主摘机就可以与访客通话，并且由户主决定是否打开防盗安全门。但是户主可以凭借电磁钥匙打开该单元大门。

（3）电控安全防盗门。对讲系统用的电控安全防盗门是在一般防盗安全门的基础上加上电控锁、闭门器等构件。

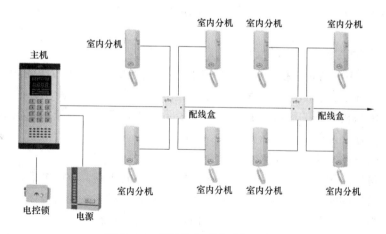

图8-15 楼宇访客对讲系统示意图

8.7.2 楼宇访客可视对讲系统概述

可视对讲系统除了由对讲功能之外，还具备了视频信号传输功能，使得户主在通话时可以同时观察来访者的情况。因此在可视对讲系统中增加了一部微型摄像机，安装在大门入口处，用户终端设置了一部监视器。

如图8-16所示为某住宅楼可视对讲系统示意图。

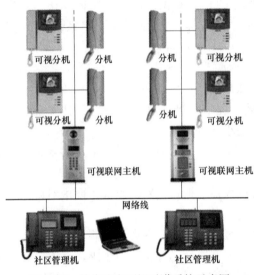

图8-16　楼宇访客可视对讲系统示意图

1. 可视对讲系统的特点

（1）通过观察监视器上来访者的图像，可以拒绝某些来访者，因此可以避免被推销者浪费时间，也不会受到陌生者攻击的危险。在安装了接收器后，还可以不让别人知道家里有人。

（2）当户主对着对讲机说话并按下呼出键时，及时未拿起听筒，屋里的人也可以听到户主的声音。

（3）假如户主不方便亲自去开门，可以按下"电子锁打开按钮"来开门。

（4）按下"监视按钮"，即便不拿起听筒，也可监听或者监视来访者长达30s，而来访者却听不到屋里的任何声音。再按一次"监视按钮"，可解除监视状态。假如发现可疑情况，可以迅速报警。

2. 可视对讲系统的电路组成

（1）300MHz高频遥控发射与接收电路，双向通信、智能电话识别接口电路。

（2）即抹即录、断电可以保持录音系统，交流供电及直流断电保护电路。

（3）由微机控制的键盘、液晶显示、多路传感器输入、报警扬声器输出、电话录放音、遥控发射接收、断电保护等电路。

3. 可视对讲系统的功能

（1）可以适用于不同制式的双音频及脉冲直拨电话或者分机电话。

（2）可以同时设置带断电保护的多种警情电话号码及报警语音。

（3）自动识别对话话机占线、无人值班或者接通状态。

（4）按照顺序自动拨通预先设置的直接电话、手机及寻呼台，并且同时传至小区管理中心。

（5）可以同时连接多路红外、燃气、烟雾传感器。

（6）手动及自动开关、传感器的有线及无线连接报警方式。

可视对讲系统产品型号较多，并且具备了多种功能，而且可视与不可视系统可以同时公用，可以根据不同的要求来进行配置。

可视对讲系统产品的型号由独户型与大楼型两种。独户型根据接入室内机的台数可以分为多种款式，大楼型则有经济型和数字型两种。

独户型特别为别墅小区制作。其中，一台室外机可以接三台室内机，两台室外机可以接八台室内机。室内分机具有对讲、相互呼叫的功能，2线式无极性配电方式，红外夜间照明，420线以上解析度，防尘、防雾。

大楼型式公寓式小区的理想型号，最多可以扩至五个室外摄像机，用户最多可以达到9999户。特点为，安全密码开门；室外摄像机可以选择组合式或者数字式；可视与不可视系统可以同时共用，用户可以选择2台以上可视与不可视室内机，1~4个室外机可以接9999台数字式或按键式室内机，红外夜间照明，管理中心可以同时监控四个门口。

可视对讲室内机可以配置报警控制器，并且连同报警控制器一起接到小区管理机上。管理机与计算机连接，运行专门的小区安全管理软件，可以随时在电子地图上直观的查看报警发生的地理位置、报警住户的相关资料，方便物业管理人员采取相应的应急措施。

8.7.3 可视对讲系统的类型

可视对讲系统的类型有直按式、联网式两类，本节分别介绍这两类系统的特性。

1. 直按式可视对讲系统

直按式可视对讲系统的特性如下所述。

（1）单键直按式主机面板，方便简单。

（2）金色铝成型主机面板，美观大方。

（3）带夜光装置，按键为不锈钢材质，可以自动灵活的变动房号。

（4）可以自行选择双音振铃或者"叮咚"的门铃声。

（5）待机电流小，省电。

（6）面板可以根据户数来灵活变化。

（7）操作方法简单便捷，如下所述。

1）当有来客时，访客按下主机面板相对应的房号键，主要分机即可发出振铃声。夜间，访客可以按动主机面板的灯光键作为照明。户主提机与访客对讲后，可以通过分机的开锁开关来遥控大门电控锁开锁。当访客进入大门后，闭门器会使大门自动关闭。

2）在停电时，系统可以由防停电电源来维护工作。

2. 联网可视对讲系统

联网可视对讲系统采用单片机技术，集中中央电脑交换机功能、可视对讲功能为一体的智能型住宅管理系统，该系统具有通话频道和多路可视视频监视线路，系统通信、对讲、视频监视覆盖面大，可以组成一个全方位的住宅管理可视对讲系统。

（1）系统的功能如下所述。

1）单一系统具有多个通话频道，可以允许多路双向对讲同时进行。

2）系统具有多路可视视频监视，除了管理员的可视对讲总机可以多个监视门口机的状态之外，住户室内的可视对讲机同样可以监视多个可视门口机状态。

3）管理员总机可以呼叫系统内的所有单元，双向对讲，整个系统形成一个大型电话交换机网络。

4）系统可加接"公共区间"对讲电话，供门卫或者大厅、会场使用，使得住宅管理更加全面灵活。

5）访客可以通过"公共监视对讲门口机"呼叫住户室内机及管理员的可视对讲总机，或者与系统内任何一单元双向对讲，门口机具有住户密码开锁功能，系统还设有防"误撞"功能，即在输入开门密码错误三次，门口机信号会自动接通管理员总机处理，提高安保效率。

6）单一系统主机标准可以接多台"共同监视对讲门口机"，并且可以配用"门口机处理器"，最多可以接 16 台门口机。

7）系统可以通过"中央联网终端控制机"进行系统联网，以形成一个大型系统，最多可以连接 63 个系统，可到达 31 500 台住户室内可视对讲机，充分满足大型住户小区的管理需要。

（2）对讲系统参数。

1）电源：主机电源（AC220V）、18V（分机电源）。

2）每层使用一个隔离器及视频分配器（普通型）或者视频放大器（大厦型），每个隔离器最多带 20 台分机。室内分机数量超过 40 户需要加隔离器进行扩容。

3）双电路电源的 18V 电源供安保可视分机的视频部分工作，12V 电源则供给隔离器、视频放大器及停电时供给探测器使用。每 8 ~ 10 户用一台可视分机电源。

4）视频切换器为 8 路视频信号输入，一路信号输出，可以根据小区的大小，把单元门口机的视频信号均分为 8 路，每路一条视频总线布到管理中心，通过管理机切换，选择其中的一路。

电源安装在弱电竖井内，对讲系统的所有设备均合装在一个接线箱内。门口机到电源的距离小于或者等于 3m，门口机到电控锁的距离小于或者等于 3m。

8.7.4　对讲设备的安装

对讲设备有住户对讲机、室内用户可使对讲分机、可视门口对讲机等，本节分别介绍其安装要点。

1. 住户对讲机

室内住户对讲分机用于住户与来访者或者管理中心人员的童话联系。分机由机座和手机组成，机座内装有电路板和电子铃，座上设有功能键，手机如普通电话机的手机。

分机采用 12~18V 的直流电，由本系统的电源设备供电。分机具有双工对讲通话功能，呼叫为电子铃声。分机安装在住户起居室的墙壁上，其安装高度一般位底边距地面 1.4~1.6m。

2. 室内用户可使对讲分机

室内住户可视对讲分机用户住户与来访者或者管理中心人员的通话并观看来访者的影像。由装有黑白影像管、电子铃、电路板的机座及座上功能键合手机组成。

分机采用 15~18V 直流电，由本系统的电源设备供电。分机具有双工对讲通话功能，影像管显像清晰，清晰度可以达 420 线，呼叫为电子铃声。安装在住户的起居室的墙壁上或者住户房门门后的侧墙上。用户机应安装在走廊等容易提醒的位置，其安装高度一般位底边距地面 1.4~1.6m。

3. 可视门口对讲机

可视门口对讲机用于来访者通过机上功能键与住户对讲通话，并通过机上的摄像机提供来访者的影像。机内装有 CCD 摄像机（对讲门口机没有）、受话器、送话器和电路板，机面设有多个功能键。

摄像机为广角镜头，自动光圈，照度为 0°，而且能够自动调节强度，分辨率约为 360 线，30 帧/s。工作电压为直流 15~18V，由系统电源供电，门口机的工作环境温度在−45~80℃。安装在单元楼门外的左侧墙上或特制的防护门上。

4. 译码分配器

用于语音编码信号和影像编码信号解码，然后送至对应的住户分机，在系统中串行连接使用，一进一出，无分配。每个译码分配器可供四个住户使用。译码分配器采用 15~18V 直流电，由本系统电源设备供电，安装在楼内的弱电竖井内。

5. 电源供应设备

电源供应设备为系统的供电设备，采用 220V 交流供电，18V/2A 直流输出，安装在楼内的弱电竖井内。

209

6. 电锁

电锁受控于住户和物业管理保安值班人员。平时锁闭，当确认来访者可以进入后，通过对设定键的操作，打开电锁，来访者可以进入，然后门上的电锁会自动锁闭。电锁安装在单元楼门上。

7. 管理中心主机

管理中心主机是住宅小区保安系统的核心设备，可以协调、督察该系统的工作。主机装有电路板、电子铃、功能键和手机，并且可以外接摄像机和监视器。

物业管理中心的保安人员，可以同住户以及来访者进行通话，并可以观察到来访者的影像。可以接受用户分机的报警，识别报警区域及记忆用户号码，监视来访者情况，并具有呼叫和开锁的功能。

管理中心主机采用 220V 交流电源供电，忙碌时最大电流为 25A。管理中心主机安装在住宅小区物业管理保安人员值班室内的工作台面上。

8.7.5 了解可视对讲系统的传输线路选择

本节介绍选择可视对讲系统传输线路的要求。

1. 分类

住宅楼内配线线路采用暗管配线。对于普通住宅楼，一般采用楼内墙和楼板内敷设电线管或者 PVC 管，在墙上留有出线箱盒。对于高级公寓住宅，采用内墙暗配管，吊顶内敷设线槽和明设金属软管，在墙上设置箱、盒。

住宅小区的外部线路将单元楼的门口主机同管理中心主机相连接。它连通住户与物业管理中心保安值班人员的通信。单元楼门口主机的连线，是以总线形式来实现的，有的会加一条视频同轴电缆。

一般规模不大的住宅小区配线较为简单，因此，在已设有地下电话通信管道的小区内，可以租用管道。在没有电话通信管理的小区内，可以在人行道上，建设适当孔数的管道和手孔，以布放线缆。

2. 选择

可视对讲系统及安防系统是一个独立的传输系统，与其他通信线路还不能够偶合用，国家目前还没有一个统一的传输标准和明确的规范要求。所以，设备生产厂家根据自己所生产的设备的电气性能和特点等，对于线缆品种、规格的要求也各不相同。这就要求在工程设计中，应该根据厂家设备选用不同的传输制式，以确定线缆的品种与规格。

在高级公寓住宅小区内，应该选择适当的位置，建立保安人员值班室，并集消防室、保安监控室与值班室为一体，对讲/可视对讲系统中的管理中心主机，可以安放在此。

3. 结构

保安对讲系统从形式上可以分成开放式系统与封闭式系统。可将系统结构大致分为多线制、总线多线制和总线制三类。

（1）多线制系统通话线、开门线、电源线共用，每户再增加一条门铃线，系统的总线数位 $4 \times N$，系统的容量受门口按键面板和管线熟练的限制，一般多线制大多采用单一按键的直通式。

（2）总线多线制采用数字编码技术，一般每层有一个解码器，四户用或者八户用。解码器与解码器之间以总线连接，解码器与用户室内机呈星形连接。总线制将数字编码移至用户室内机种，省去解码器，构成完全总线连接。因此系统连接更灵活，适应性更强。但是假如用户发生短路，则会造成整个系统不正常。

8.7.6 识读楼宇对讲系统图

如图 8-17 所示为楼宇对讲系统图的绘制结果，本节介绍其识读步骤。

（1）工程概况。住宅楼一共八层，对讲系统图中表现了门口机和户内机的设置以及控制线路的连接。如系统图下部分所示，可以通过管理机对小区内的各单元进行管理，还可对监控情况进行记录打印。

（2）系统组成。如系统图所示，对讲系统由管理员机、数码式门口机、解码器、系统电源、报警电源、安保型非可视住户话机、报警探头等设备组合而成。

（3）系统主机设备。在保安值班室内安装管理员机，方便来访者与用户双向对讲，并且方便接收住户报警信号、进行信号处理以及向中央计算机传递。

住户话机主要用来与来访者通话，由用户控制防盗门的开启；还可以与管理员通话，并在室内分机上带一路报警。

住户话机安装于住户家中，距地 1.4~1.5m 安装为宜，同时接受访客的呼叫并监视访客的举动，遥控开启防盗门，还可呼叫管理中心并直接通话四路报警防区。

（4）系统电源。系统电源为住宅楼对讲系统提供用电，同时具有高低压保护以及停电保持功能，一般安装在门口机的附近。每个门口机使用一台系统电源，通常情况下每 16~24 户使用一台系统电源。

（5）工程用线。电源线的长度按照最高楼层来选择，防止在安装过程中出现长度不够的情况。电源线的类型与信号线配线一致，为 RVVP-4×0.5+SYWV-75-5 型线缆，穿过直径为 25mm 的塑料套管（PVC）沿墙敷设。

单元门对讲系统在一楼的入口处设置电源箱以及门机，在各住户中设置对讲分机。对讲门口机安装在单元防盗门上，对讲电源箱中心距地 1.8m 墙上暗装。在墙内暗设智能家居终端分线盒，距地 1.4m。

其中，对讲系统还负责燃气报警以及紧急求助功能。

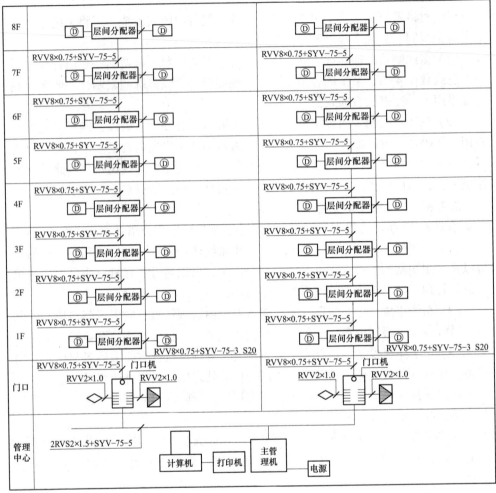

图 8-17　楼宇访客可视对讲系统图

8.8　综合布线系统图识读实例

本节介绍综合布线系统图的相关知识，首先介绍综合布线系统的含义、组成，然后介绍综合布线系统图的识读步骤。

8.8.1　认识综合布线系统

为了使现代建筑的功能得到充分的发挥而采用了多种弱电控制技术，并且由多个弱电子系统组成。这些子系统中传感装置与处理和控制设备之间、各个子系统之间、现场各个设备之间、现场设备远程控制设备之间，甚至是建筑之间以及异地建筑之间的联系，都是依靠布线系统来完成的。这即是系统的集成。完成建筑控制各个子系统集成所依靠的主要硬件之一就是综合布线系统。

8.8.2 了解综合布线系统的组成

综合布线系统一般由工作区、配线子系统、干线子系统、建筑群子系统、设备间、进线间组成，本节分别介绍各部分的特点。

1. 工作区

工作区是一个独立的需要设置终端设备（TE）的区域，称为一个工作区。工作区应由配线子系统的信息插座模块（TO）延伸到终端设备处的连接缆线与适配器组成。

2. 配线子系统

配线子系统应该由工作区的信息插座模块、信息插座模块至电信间配线设备（FD）的配线电缆和光缆、电信间的配线设备以及设备缆线和跳线组成。

3. 干线子系统

干线子系统应该由设备间至电信间的干线电缆和光缆，安装在设备间的建筑物配线设备（BD）及设备缆线和跳线组成。

4. 建筑群子系统

建筑群子系统应该由连接多个建筑物之间的主干电缆和光缆、建筑群配线设备（CD）及设备缆线和跳线组成。

5. 设备间

设备间是在每栋建筑物的适当地点进行网络管理和信息交换的场地。对于建筑弱电布线系统，设备间主要安装建筑物的配线设备。电话交换机、计算机主机设备及入口设施也可与配线设备安装在一起。

6. 进线间

进线间是建筑外部通信和信息管线的入口部位，并可以作为入口设施和建筑群配线设备。

7. 对系统的管理

对系统的管理是指对工作区、电信间、设备间、进线间的配线设备、缆线、信息插座模块等设施按照一定的模式进线标示和记录。

8.8.3 识读综合布线系统工程图

如图 8-18 所示为办公楼综合布线系统图的绘制结果，以下介绍其识读步骤。

（1）工程概况。综合布线包括计算机网络系统、语音系统和保安监控系统三个部分。办公大楼的综合布线由工作区、水平子系统、管理区、干线子系统和设备间五个部分组成。

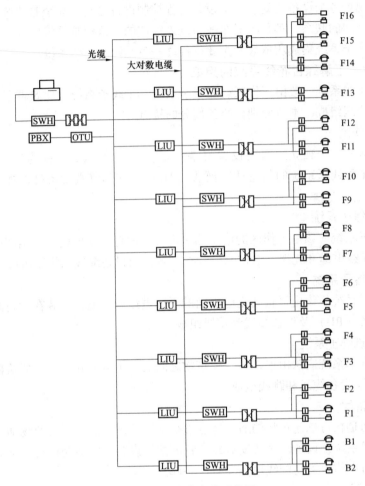

图 8-18　综合布线系统图

计算机网络干线采用光纤，所有与计算机网络相连的布线均为五类（100Mbit/s）产品，即五类信息插座、五类跳线、五类双绞电缆等。

程控电话由主机房统一管理，其中，每条线路均按 4 对双绞电缆配置，设计传输速率为 100Mbit/s，以满足综合业务数字网需求。

保安监控系统可以传输视频监控信号以及保安传感器信号。

（2）系统结构。综合布线系统采用较为灵活的星型拓扑结构，整个系统分为两级星型。即主干部分为一级，水平部分为二级。

其中，主干部分的星型结构中心位于主机房，向各个楼层辐射，使用光纤和大对数双绞电缆作为传播介质。水平部分的星型结构中心位于各楼层配线间，并由配线架引出水平双绞线电缆到各个信息点。

1）工作区。工作区由各个办公区域构成，在其中设置一孔至四孔信息插座，可以支持100Mbit/s及以下的高速数据通信。其中每一个信息插座支持数据终端或者电话终端。

2）水平子系统。水平子系统采用五类四对双绞电缆，其平均长度为45m，具有较好的抗干扰性。

3）管理区。一共在办公楼内设置了五个楼层配线间，其中五层不单独设置楼层配线间。在各层配线间内，设置110型电缆配线架、光纤配线架和必要的网络户连设备。

110型电缆配线架由两部分组成，一部分可以用来端接干线，即大对数双绞电缆，另一部分则用来端接水平干线。

光纤配线架则用来端接干线光纤。

4）干线子系统。在办公大楼的综合布线系统中，系统干线使用6芯62.5/125μm多模光缆，其传输速率可达到500Mbit/s以上。电话干线采用三类100对大对数双绞电缆，每层由楼层配线间配出一条线缆。其中保安监控系统采用25对双绞电缆，每层由楼层配线间配出一条线缆，可以支持100Mbit/s的传输速率。

5）设备间。计算机网络采用两个光纤配线架（400A2）对整个办公大楼内的计算机进行统一的管理。通过简单的跳线管理，可以非常方便的配置楼内的计算机网络的拓扑结果。

程控电话和保安监控系统均采用110型电缆配线架，通过跳线管理终端设备。

附录 常用电气设备图形符号

附表 1 动力设备图例

图例	名称	图例	名称
	风扇；风机		风扇
	风扇		轴流风扇
	电热风幕		电热水器
	电热水器		280 度防火阀
	70 度防火阀		接地
	配电屏		配电屏
	接线盒		电铃
	信号板、箱、屏		电阻箱
UPS	UPS 配电屏		电磁阀
	电动阀		直流电焊机
	交流电焊机		鼓形控制器
	直流发电机		直流电动机
	直流伺服电动机		交流发电机
	交流电动机		交流伺服电动机

续表

图例	名称	图例	名称
	电磁制动器	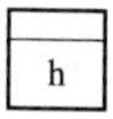 h	小时计
 Ah	安培小时计	 Wh	电能表
 varh	无功电能表		钟
	母钟	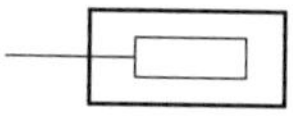	电阻加热装置
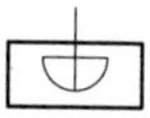	电弧炉	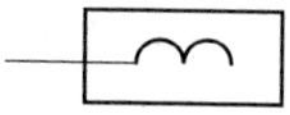	感应加热炉
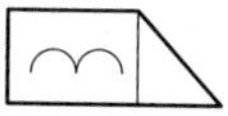	电锁		热水器
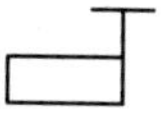	电磁阀		管道泵
	风机盘管	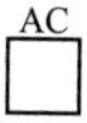 AC	分体式空调器（空调器）
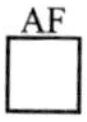 AF	分体式空调器（冷凝器）		窗式空调器
	整流器		逆变器
	桥式全波整流器		电动机启动器
	步进启动器		调节启动器
	带自动释放的启动器		星—三角启动器
	自耦变压器式启动器		变压器
	地面接线盒	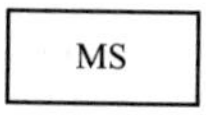 MS	电动机启动器
 SDS	星—三角启动器	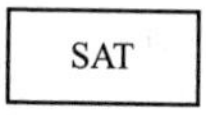 SAT	自耦降压启动器

附表2 插座设备图例

图例	名称	图例	名称
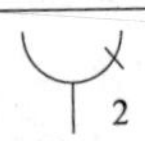 ⊻2	双联插座	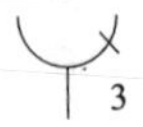 ⊻3	三联插座
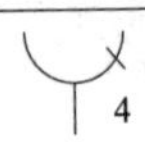 ⊻4	四联插座		带保护极的电源插座
	单相二、三级电源插座	 1P	带保护极的单相插座
 3P	带保护极的三相插座	 1C	带保护极的单相暗敷插座
 3C	带保护极的三相暗敷插座	 1EX	带保护极的单相防爆插座
 3EX	带保护极的三相防爆插座	 1EN	带保护极的单相密闭插座
 3EN	带保护极的三相密闭插座	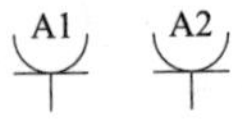 A1 A2	单相三级空调插座
 K	空调插座		单相插座
	带保护极和单极开关的电源插座	 1P	单相插座
 3P	三相插座	 1C	单相暗敷插座
 3C	三相暗敷插座	 1EX	单相防爆插座
 1EN	单相密闭插座	 EN	单相三极带开关密闭防潮插座
 F	排油烟机密闭防潮插座		带隔离变压器的插座
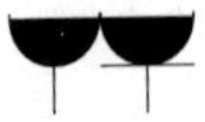	双联二三极暗装插座		安全型双联二三极暗装插座
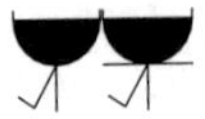	安全型带开关双联二三极暗装插座	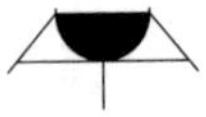	带接地插孔暗装三相插座
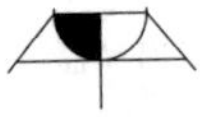	带接地插孔防爆三相插座		插座箱
	电信插座		带熔断器三极暗装插座

续表

图例	名称	图例	名称
	安全型带熔断器三极暗装插座	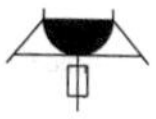	带熔断器三相四极插座
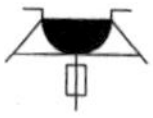	安全型带熔断器三相四极插座		密闭单相插座
	有护板的插座		带单极开关的插座
	带联锁开关的插座		带熔断器的插座
	安全型暗装单相插座		带开关二极暗装插座
	安全型带开关二极暗装插座		带熔断器二极暗装插座
	安全型带熔断器二极暗装插座	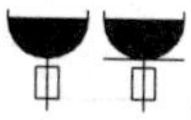	带熔断器二三极双联插座
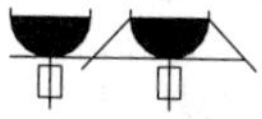	带熔断器双联三四极暗装插座		安全型带熔断器二三极双联插座
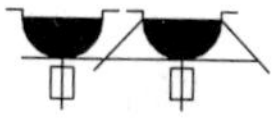	安全型带熔断器双联三四极插座		三联单相二三极三相四极暗装插座
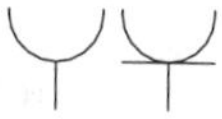	双联二三极明装插座		带保护接点插座
	密闭单相插座		带联锁的开关
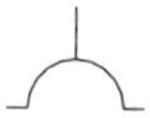	有护板的插座		带单极开关的插座
	带熔断器的插座		空调插座
	带隔离变压器的插座	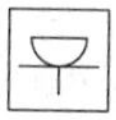	地面插座盒
	暗装单相插座		带保护接点暗装插座
	带保护接点密闭插座		带接地插孔三相插座
	带保护接点防爆插座		安全型三极暗装插座

续表

图例	名称	图例	名称
	带开关三极暗装插座		安全型带开关三极暗装插座
	带保护接点暗装插座		带保护接点密闭插座
	带保护接点防爆插座		安全型三极暗装插座
	带开关三极暗装插座		安全型带开关三极暗装插座
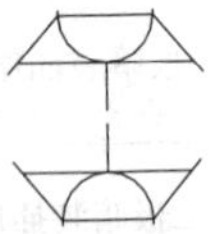	带接地插孔密闭插座		防爆单相插座

附表3　　　　　　　　　**安防设备图例**

图例	名称	图例	名称
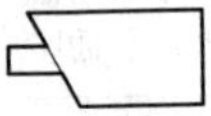	摄像机	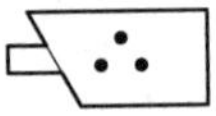	彩色摄像机
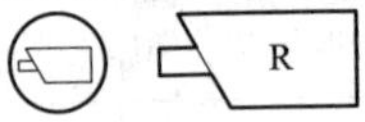	全球摄像机	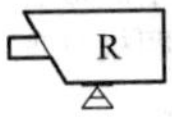	云台摄像机
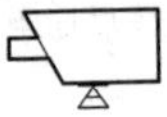	带云台的摄像机	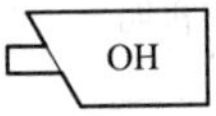	有室外防护罩的摄像机
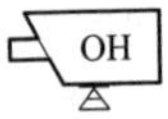	有室外防护罩的云台摄像机	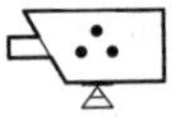	带云台彩色摄像机
	电视监视器		彩色监视器
	电控锁		微波入侵探测器
	被动红外探测器		被动红外/微波双技术探测器
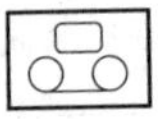	带式录像机	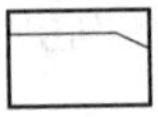	读卡器
	保安巡逻打卡器		紧急脚挑开关
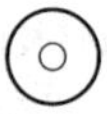	紧急按钮开关		压力垫开关

续表

图例	名称	图例	名称
	门磁开关	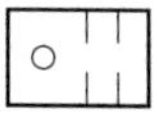	对讲系统主机
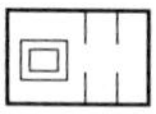	可视对讲机	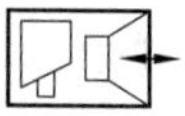	可视对讲户外机
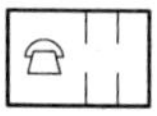	对讲电话分机	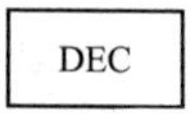 DEC	解码器
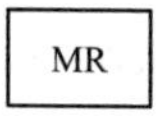 MR	监视立柜	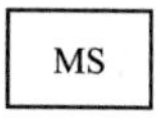 MS	监视墙屏
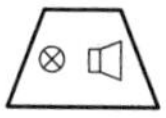	声光报警器	 P	压敏探测器
 B	玻璃破碎探测器		人像识别器
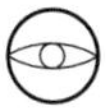	眼纹识别器		指纹识别器
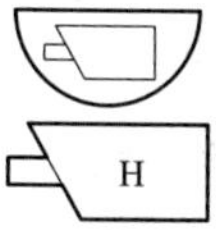 H	半球形摄像机	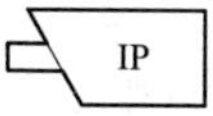 IP	网络摄像机
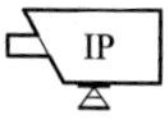 IP	带云台的网络摄像机	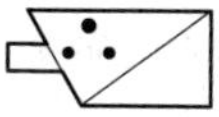	彩色转黑白摄像机
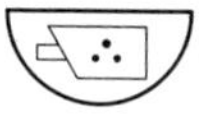	半球形彩色摄像机	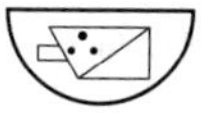	半球形彩色转黑白摄像机
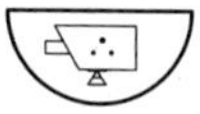	半球形带云台彩色摄像机		全球彩色摄像机
	全球彩色转黑白摄像机		全球带云台彩色摄像机
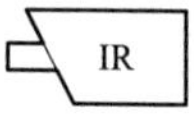 IR	红外摄像机	 IR	红外带照明灯摄像机
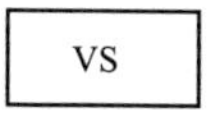 VS	视频服务器	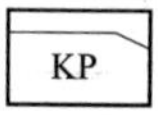 KP	键盘读卡器
 A	振动探测器		易燃气体探测器
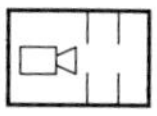	可视对讲摄像机	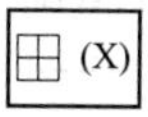 (X)	图像分割器
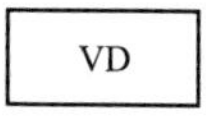 VD	视频分配器	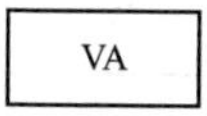 VA	视频补偿器

续表

图例	名称	图例	名称
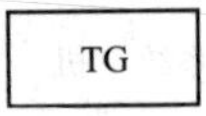 TG	时间信号发生器	 M	磁力锁
 E	电锁按键	 E O	电、光信号转换器
 O E	光、电信号转换器	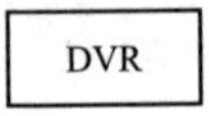 DVR	数字硬盘录像机
 S	保安电话	 P	保安中继数据处理机
 TX/RX	传输发送、接收器	 IR	红外照明灯
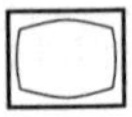	监视器	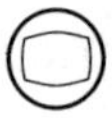	投影机

附表4　　　　　　　　　　　　　　　广播设备

图例	名称	图例	名称
	传声器	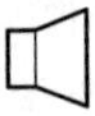	扬声器
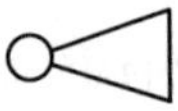	高音扬声器		报警扬声器
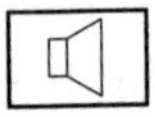	扬声器箱	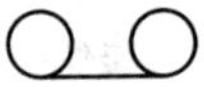	带录音机
	放大器	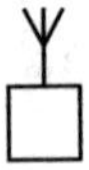	调谐器、无线电接收箱
	电平控制器	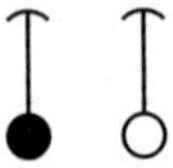	音量控制器
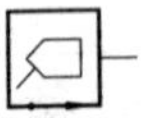	播放器		音箱
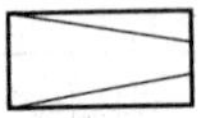	有线广播台	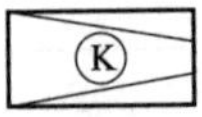 K	扩声控制器
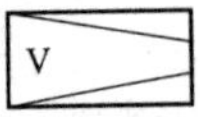 V	定压式扩音器	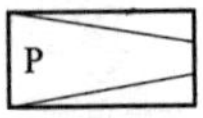 P	定阻式扩音器
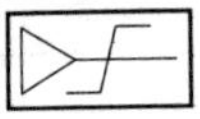	调音台		喉头送话器

图例	名称	图例	名称
	碳粒式传声器		压电式传声器
	静电式传声器		监听器
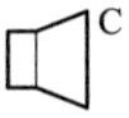	吸顶式安装扬声器	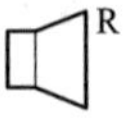	嵌入式安装扬声器
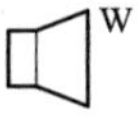	壁挂式安装扬声器		嵌入式安装扬声器箱
	光盘式播放机		传声器插座
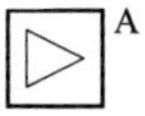	扩大机	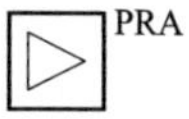	前置放大器
	功率放大器		

附表5　　　　　　　　　　　　　　　楼控设备图例

图例	名称	图例	名称
T	温度传感器	P	压力传感器
M	湿度传感器	PD	压差传感器
A/D	模拟/数字变换器	D/A	数字/模拟变换器
BAC	建筑自动化控制器	DDC	直接数字控制器
HM	热能表	GM	燃气表
WM	水表	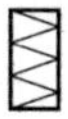	粗效空气过滤器
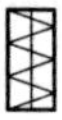	中效空气过滤器	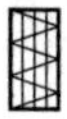	高效空气过滤器
	空气加热器		空气冷却器
	空气加热、冷却器		板式换热器

223

续表

图例	名称	图例	名称
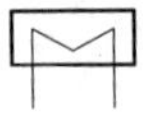	电加热器		加湿器
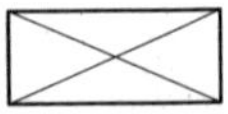	立式明装风机盘管	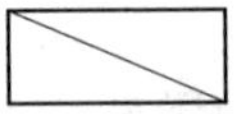	立式暗装风机盘管
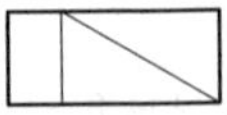	卧式明装风机盘管	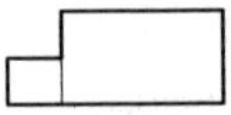	卧式暗装风机盘管
	电动比例调节平衡阀	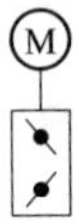	电动对开多叶调节风阀
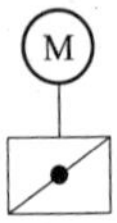	电动蝶阀	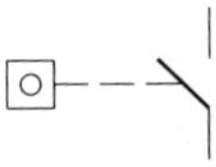	计数控制开关
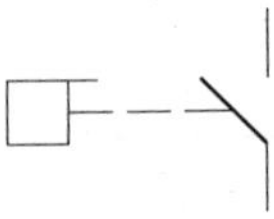	流体控制开关	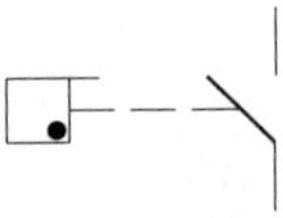	气流控制开关

附表 6   电视设备图例

图例	名称	图例	名称
	天线		放大器
	放大器、中继器	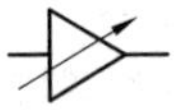	可变放大器
	均衡器	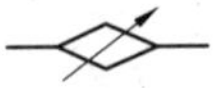	可变均衡器
	有本地天线的引入前端		无本地天线的引入前端
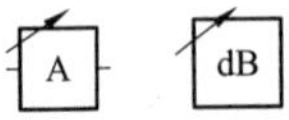	可变衰减器	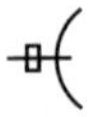	带馈线的抛物线天线
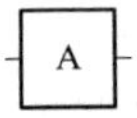	固定衰减器		双向分配放大器
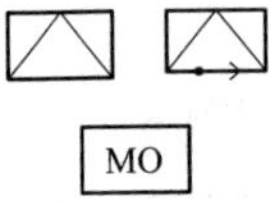	调制器	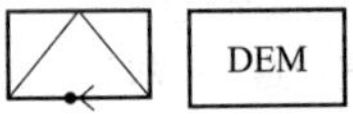	解调器

续表

图例	名称	图例	名称
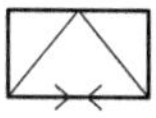 MOD	调制解调器	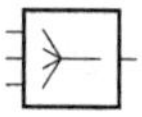	混合网络
	视盘放像机	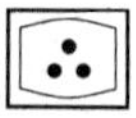	彩色电视接收机
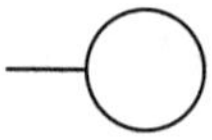	系统出线端		用户二分支器
	用户四分支器	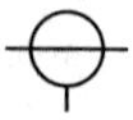	用户分支器
	匹配终端		两路分配器
	三路分配器		四路分配器
TVS	摄像机扫描操作器	TVR	视频电缆补偿器
Mm	主监视器	Nn	监视器
VH	前端箱	VP	分支分配器箱
dB	衰减器	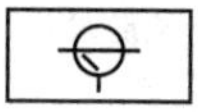	定向耦合器
 f1/f2	变频器		混合器

附表7　　　　　　　　　　　　　　　电话设备图例

图例	名称	图例	名称
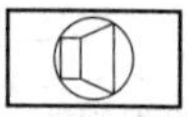	生产扩音电话器	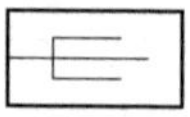	有线终端站
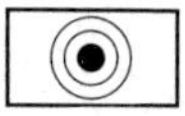	警卫电话站	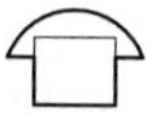	电话机
	拨号盘式自动电话机		按键电话机
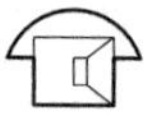	带扬声器电话机	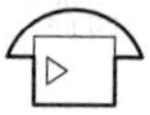	带放大器的电话机
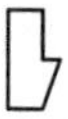	人工交换机	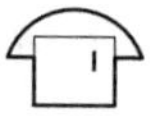	投币式电话机

续表

图例	名称	图例	名称
	用于两线或多线的电话机	 TV	电视电话
	录放电话机	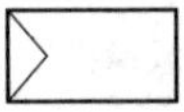	扩音对讲设备
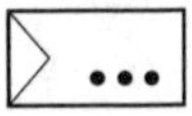 ⋯	选号括音对讲设备（键盘式）	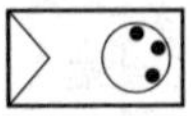	选号括音对讲设备（拨号式）
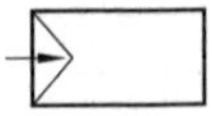	有方向性扩音对讲设备（单向）	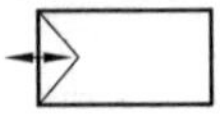	有方向性扩音对讲设备（双向）
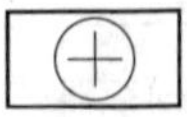 ⊕	自动电话站	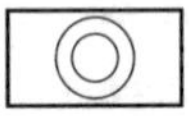 ◎	供电时人工电话站
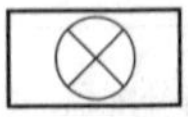 ⊗	调度电话站	 >	功放单元
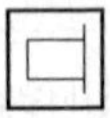	监听器	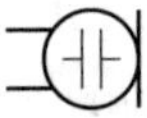	静电传声器
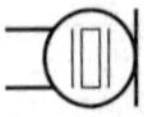	压电传声器	 ◉	警卫信号探测器
	警卫信号区域报警器	 ◉	警卫信号总报警器
 ▽	线路末端放大器		放大器
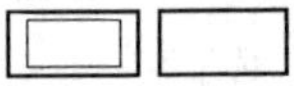	电视	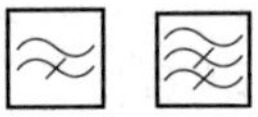 ≈	带阻滤波器
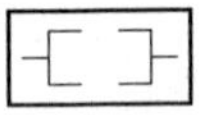	有线转接站	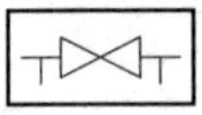	有线分路站
	有线有人增音站	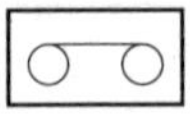	录像机
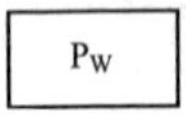 Pw	功率放大器	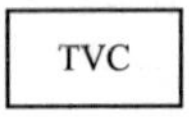 TVC	摄像机控制器
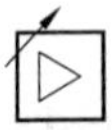	可调放大器		均衡器
	可变均衡器		卫星接收天线
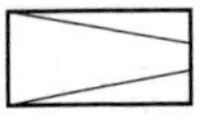	有线广播台、站	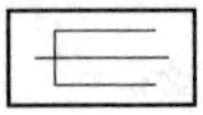	有线终端站

附表8   通信设备图例

图例	名称	图例	名称
DDF	数字配线架	FD	楼层配线架
HUB	集线架	MDF	总配线架
ODF	光纤配线架	VDF	单频配线架
IDF	中间配线架	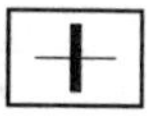	自动交换机
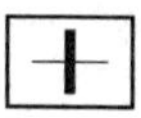 C	集团电话主机	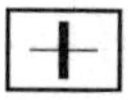 PABX	程控用户交换机
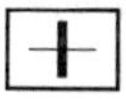 SPC	程控交换机		综合布线配线架
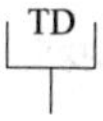 TD	数据插座	 TV	电视插座
	扬声器插座	 FX	传真插座
 TO	信息插座	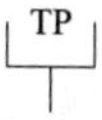 TP	电话插座
	落地交接箱	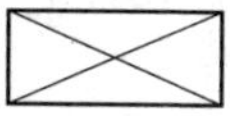	架空交接箱
	壁龛交接线	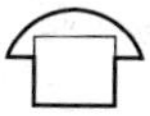	电话机
	防爆电话		壁龛分线箱
	分线箱	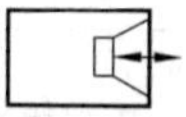	对讲机内部电话设备
	室内分线盒		分线盒
	室外分线盒	STB	机顶盒
KY	操作键盘		机顶盒
CPU	计算机	CD	建筑群配线架

续表

图例	名称	图例	名称
BD	建筑物配线架	SW	交换机
LIU	光纤连接盒	AHD	家居配线盒
CP	集合点	 MUTO	多用户信息插座

附表 9　　　　　　　　　　消防设备图例

图例	名称	图例	名称
	感温火灾探测器	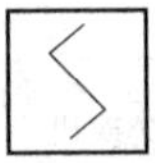	感烟火灾探测器
	感光火灾探测器		可燃气体探测器
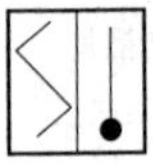	复合式感温感烟火灾探测器		复合式感光感温火灾探测器
	复合式感光感烟火灾探测器	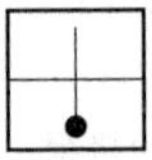	定温探测器
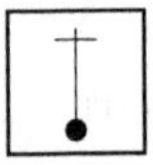	差温探测器	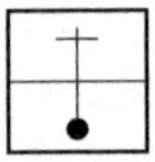	差定温探测器
	离子感烟探测器		红外感光火灾探测器
	紫外感光火灾探测器		光电感烟探测器
	带火警电话插孔的手动报警按钮		火警电话
	消火栓气泵按钮	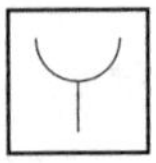	手动火灾报警装置
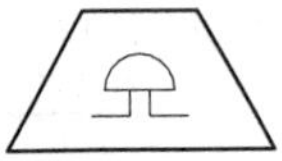	火警电铃	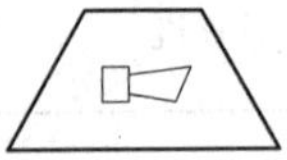	火灾发声报警器

续表

图例	名称	图例	名称
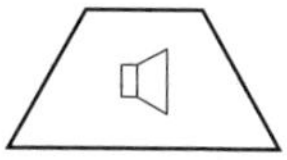	火灾广播应急扬声器	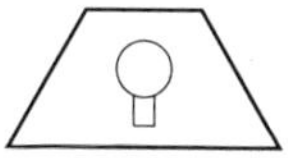	火灾光警报器
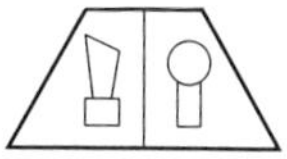	火灾声光报警器		水流指示器
P	压力开关		防烟防火阀70°
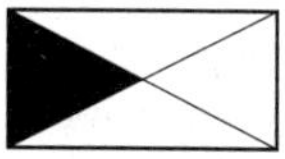	防火阀70°	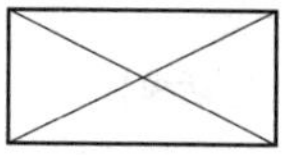	增压送风口
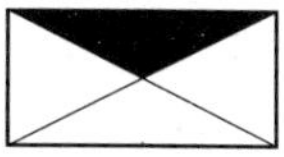	防火阀280°		防烟防火阀280°
	湿式自动报警阀		干式自动报警阀
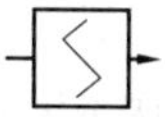	线型光束感烟火灾探测器（发射）	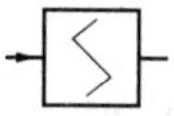	线型光束感烟火灾探测器（接收）
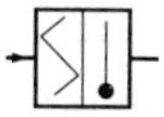	线型光束感烟感温火灾探测器（接受）	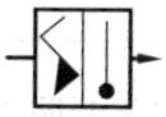	线型光束感烟感温火灾探测器（发射）
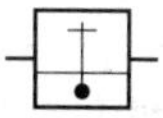	线型差定温火灾探测器	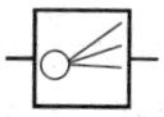	线型可燃其他探测器
C	集中型火灾报警控制器	Z	区域型火灾报警控制器
RS	防火卷帘门控制器	RD	防火门磁释放器
I/O	输入输出模块	I/O	输入/输出模块
P	电源模块	T	电信模块
SI	短路隔离器	M	模块箱
D	火灾显示器	FI	楼层显示器
FPA	火警广播系统	MT	对讲电话主机

续表

图例	名称	图例	名称
⊙	火灾电话插孔	G	通用火灾报警控制器
S	可燃气体报警控制器	I	输入模块
O	输出模块	SB	安全栅
CRT	火灾计算机图形显示系统	BO	总线广播模块
TP	总线电话模块	↓N	感温火灾探测器（点型、非地址码型）
↓EX	感温火灾探测器（点型、防爆型）	↓	感温火灾探测器（线型）
⟨S⟩N	感烟火灾探测器（点型、非地址码型）	⟨S⟩EX	感烟火灾探测器（点型、防爆型）
L	水流指示器（组）	⋈	阀门
⋈	信号阀	⊖70℃	70℃动作的常开防火阀
⊖280℃	280℃动作的常开防火阀	ϕ280℃	280℃动作的常闭防烟阀
●	湿式报警阀（组）	◑	预作用报警阀（组）
⋈	预作用报警阀	◉	雨淋报警阀（组）
⋈	雨淋报警阀	○	干式报警阀（组）
⟨∿⟩	缆式线型感温探测器	ϕ	加压送风口
ϕSE	排烟口	◑	室外消火栓
◪	室内消火栓（单口，平面）	◐	室内消火栓（单口，系统）
⋈	室内消火栓（双口，平面）	✦	室内消火栓（双口，系统）

图例	名称	图例	名称
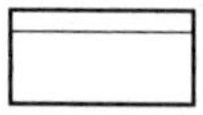	火灾报警装置	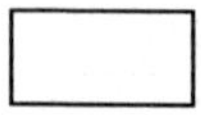	控制和指示设备
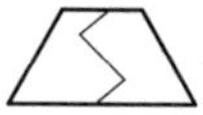	家用点型感烟火灾探测器		图像型火灾探测器
	独立式感烟火灾探测报警器		独立式感温火灾探测报警器
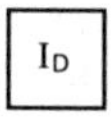 I_D	剩余电流式电气火灾监控探测器	 T	测温式电气火灾监控探测器
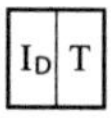 I_D T	剩余电流及测温式电气火灾监测探测器	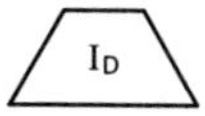 I_D	独立式电气火灾监控探测器（剩余电流式）
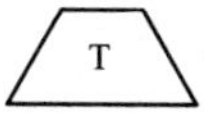 T	独立式电气火灾监控探测器（测温式）	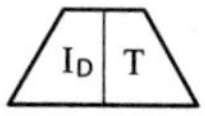 I_D T	独立式电气火灾监控探测器（剩余电流及测温式）
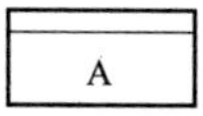 A	火灾报警控制器（不具有联动控制功能）	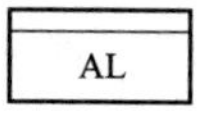 AL	火灾报警控制器（联动型）
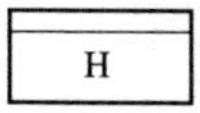 H	家用火灾报警控制器	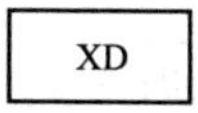 XD	接线端子箱
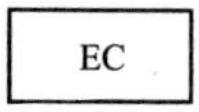 EC	电动闭门器	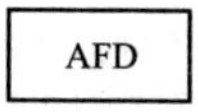 AFD	具有探测故障电弧功能的电气火灾监控探测器（故障电弧探测器）
 F	流量开关	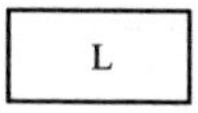 L	液位传感器

附表 10   **电气图中电气线路绘制线型符号**

序号	线型符号		说明
	形式 1	形式 2	
1	S	—— S ——	信号线路
2	C	—— C ——	控制线路
3	EL	—— EL ——	应急照明线路
4	PE	—— PE ——	保护接地线
5	E	—— E ——	接地线
6	LP	—— LP ——	接闪线、接闪带、接闪网
7	TP	—— TP ——	电话线路
8	TD	—— TD ——	数据线路

序号	线型符号		说明
	形式 1	形式 2	
9	—— TV ——	—— TV ——	有线电视线路
10	—— BC ——	—— BC ——	广播线路
11	—— V ——	—— V ——	视频线路
12	—— GCS ——	—— GCS ——	综合布线系统线路
13	—— F ——	—— F ——	消防电话线路
14	—— D ——	—— D ——	50V 以下的电源线路
15	—— DC ——	—— DC ——	直流电源线路
16	—————⊘—————/		光缆，一般符号

附表 11　　　　　　　**常用电器图形符号**

图形符号	说明	图形符号	说明
1. 符号要素、限定符号和其他常用符号			
＝＝＝＝	直流 说明：电压可标注在符号右边，系统类型可标注在符号左边	⊔	负脉冲
∿	交流（低频） 说明：频率或频率范围及电压数值可标注在符号右边，相数和中性线存在时标注在符号左边	⊓	正阶跃函数
≈	中频（音频）	⌐	负阶跃函数
≋	高频（超高频、载频或射频）	⏚	接地一般符号 注：如表示接地的状况或作用不够明显，可补充说明
≋	交直流	⏚	保护接地
N	中性（中性线）	⏚	接机壳或接底板

续表

图形符号	说明	图形符号	说明
M	中间线		保护等电位联结
+	正极性	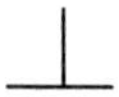	功能性等电位联结
−	负极性	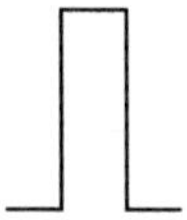	正脉冲

2. 导体和连接件

图形符号	说明	图形符号	说明
	导线、导线组、电线、电缆、电路、线路、母线（总线）一般符号 注：当用单线表示一组导线时，若需示出导线数可加短斜线或画一条短斜线加数字表示	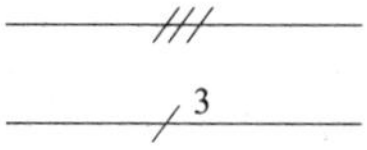	三根导线
	柔性连接		屏蔽导体
●	导体的连接体	○	端子 注：必要时圆圈可画成黑点
∅	可拆卸端子	形式1　形式2 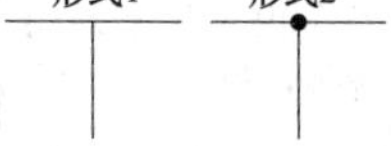	导体的 T 形连接
形式1　形式2 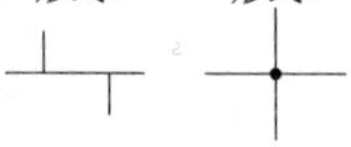	导线的双重连接	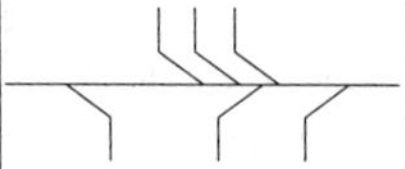	导线或电缆的分支和合并
	导线的不连接（跨越）		导线的直接连接 导线接头
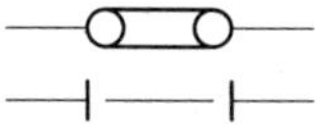	接通的连接片	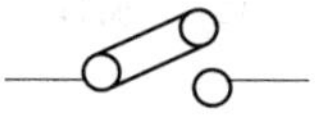	断开的连接片
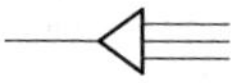	电缆密封终端头多线表示	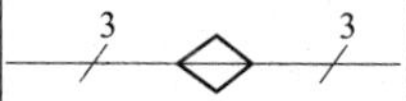	电缆直通接线盒单线表示

233

图形符号	说明	图形符号	说明
3. 基本无源元件			
	电阻器的一般符号		可变电阻器 可调电阻器
	电容器的一般符号		电感器、绕阻 线圈、扼流圈 示例：带磁芯的电感器
4. 半导体和电子管			
	半导体二极管的一般符号		PNP 型半导体管
5. 电能的发生与转换			
	两相绕组		V 形（60°）联结的三相绕组
	中性点引出的四相绕组		T 形联结的三相绕组
	三角形联结的三相绕组		开口三角形联结的三相绕组
	星形联结的三相绕组		中性点引出的星形联结的三相绕组
	电机一般符号 注：符号内星号必须用规定的字母代替		三相异步电动机
形式1　形式2	双绕组变压器，一般符号 注：瞬时电压的极性可以在形式2中表示 示例：示出瞬时电压极性标记的双绕组变压器，流入绕组标记端的瞬时电流产生辅助磁通		三相绕组变压器，一般符号
	自耦变压器，一般符号		电抗器（扼流圈）一般符号
	电流互感器 脉冲变压器		具有两个铁心，每个铁心有一个次级绕组的电流互感器

图形符号	说明	图形符号	说明
	在一个铁心上具有两个次级绕组的电流互感器		电压互感器
	Y-△联结的三相变压器		整流器方框符号
	桥式全波整流器方框符号		原电池或蓄电池

6. 开关、控制和保护器件

图形符号	说明	图形符号	说明
	动合（常开）触点 注：本符号也可用作开关一般符号		动断（常开）触点
	中间断开的双向转换触点		（当操作器件被吸合时）延时闭合的动合触点
	（当操作器件被释放时）延时断开的动合触点		延时闭合的动断触点
	延时断开的动断触点		手动开关的一般符号
	按钮开关		无自动复位的旋转开关、旋钮开关
	位置开关和限制开关的动合触点		位置开关和限制开关的动断触点

图形符号	说明	图形符号	说明
	开关		三极开关 单线表示 多线表示
	接触器，接触器的主动合触点		接触器，接触器的主动断触点
	断路器		隔离开关
	负荷开关		动作机构，一般符号 继电线圈，一般符号
	缓慢释放继电器线圈		缓慢吸合继电器线圈
	快速继电器（快吸和快放）线圈		交流继电器线圈
	热继电器驱动器件		瓦斯保护器件，气体继电器
	熔断器的一般符号		熔断器开关
	火花间隙		避雷器

7. 测量仪表、灯和信号器件

图形符号	说明	图形符号	说明
	指示仪表，一般符号 * 被测量的量和单位的文字符号应从 IEC60027 中选择		记录仪表，一般符号 * 被测量的量和单位的文字应从 IEC60027 中选择

图形符号	说明	图形符号	说明
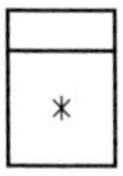 ＊	积算仪表，一般符号 别名：能量仪表 ＊ 被测量的量和单位的文字符号应从 IEC60027 中选择	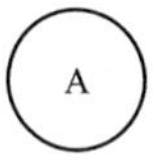 A	电流表
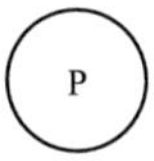 P	功率表	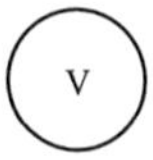 V	电压表
 var	无功功率表	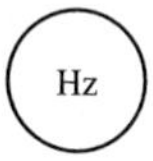 Hz	频率计
 （示波器符号）	示波器	 （检流计符号）	检流计
 n	转速表	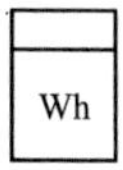 Wh	电能表，瓦计时
 varh	无功电能表	 ⊗	灯，一般符号 别名：灯，信号灯
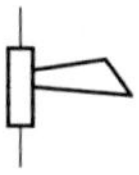 （电喇叭符号）	电喇叭	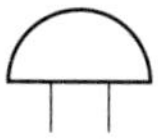 （符号）	电铃；音响信号装置，一般符号
 △	报警器	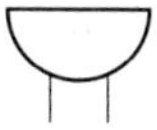 （符号）	蜂鸣器

8. 建筑、安装平面布置图

规划的	运行的		
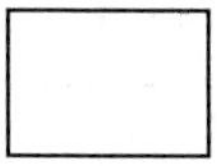 □	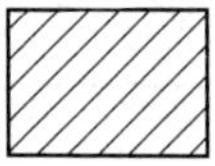 （斜线填充方形）	发电站	
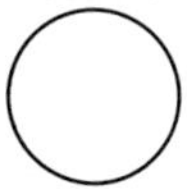 ○	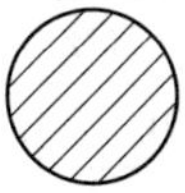 （斜线填充圆形）	变电所、配电所	
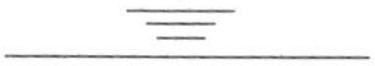 （地下线路符号）	地下线路	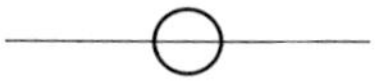 ○	架空线路
 ○	套管线路	)------ ------(	挂在钢索上的线路

237

图形符号	说明	图形符号	说明
	事故照明线		50V 及以下电力照明线路
	控制及信号线路（电力及照明用）		用单线表示多种线路
	用单线表示多回路线路（或电缆管束）		母线一般符号
	滑触线		中性线
	保护线		保护线和中性线共线
	向上配线		向下配线
	垂直通过配线		盒，一般符号
	用户端，供电引入设备		配电中心（出示五路配线）
	连线盒，接线盒	$a\frac{b}{c}Ad$	带照明的电杆 编号 杆形 杆高 容量 A—联结相序
	电缆铺砖保护		电缆穿管保护
	母线伸缩接头		电缆分支接头盒

附表 12　　供配电系统设计文件标注的文字符号

序号	文字符号	名称	单位	序号	文字符号	名称	单位
1	U_n	系统标称电流	V	9	I_c	计算电流	A
2	U_r	设备的额定电压	V	10	I_{st}	启动电流	A
3	I_r	额定电流	A	11	I_p	尖峰电流	A
4	f	频率	H_z	12	I_s	整定电流	A
5	P_N	设备安装功率	kW	13	I_k	稳态短路电流	kA

238

续表

序号	文字符号	名称	单位	序号	文字符号	名称	单位
6	P	计算有功功率	kW	14	Q	计算无功功率	kvar
7	U_{kr}	阻抗电压	V	15	S	计算视在功率	kV·A
8	i_p	短路电流峰值	kA	16	S_r	额定视在功率	kV·A

附表 13   单字母符号的标注方式

字母代码	项目种类	说明
A	组件部件	分离元件放大器、磁放大器、激光器、微波激光器、印制电路板、本表格其他地方未提及的组件、部件
B	变换器（从非电量到电量或相反）	热电传感器、热电池、光电池、测功计、晶体换能器、送话器、拾音器、扬声器、耳机、自整角机、旋转变压器
C	电容器	—
D	二进制元件 延迟器件 存储器件	数字集成电路和器件、延迟线、双稳态元件、单稳态元件、磁心存储器、寄存器、磁带记录机、盘式记录机
E	其他元器件	光器件、热器件、本表格其他大方地方未提及的元件
F	保护器件	熔断器、过电压放电器件、避雷器
G	发电机、电源	旋转发电机、旋转变频机、电池、振荡器、石英晶体振荡器
H	信号器件	光指示器、声指示器
K	继电器、接触器	交流继电器、双稳态继电器
L	电感器 电抗器	感应线圈、线路陷波器 电抗器（并联和串联）
M	电动机	同步电动机、力矩电动机
N	模拟元件	运算放大器、模拟/数字混合器件
P	测量设备实验设备	指示、记录、积算、测量设备、信号发生器、时钟
Q	电力电路的开关器件	断路器、隔离开关
S	控制电路的开关选择器	控制开关、按钮、限制开关、选择开关、选择器、拨号接触器、连接器
T	变压器	电压互感器、电流互感器
U	调制器 变换器	鉴频器、解调器、变频器、编码器、逆变器、交流器、电报译码器
V	电真空器件 半导体器件	电子管、气体放电管、晶体管、晶闸管、二极管

字母代码	项目种类	说明
W	传输通道 波导、天线	导线、电缆、母线、波导、波导定向、耦合器、偶极天线、抛物面天线
X	端子 插头 插座	插头和插座、测试塞孔、端子板、焊接端子片、连接片、电缆封端和接头
Y	电气操作的机械装置	制动器、离合器、气阀
Z	终端设备 混合变压器 滤波器、均衡器 限幅器	电缆平衡网络 压缩扩展器 晶体滤波器 网络

注　单字母符号用来表示按国家标准划分的23类电气设备、装置和元器件。

附表14　　　　　　　　常见的双字母符号

序号	名称	单字母	双字母	序号	名称	单字母	双字母
1	发电机 直流发电机 交流发电机 同步发电机 异步发电机 永磁发电机 永轮发电机 汽轮发电机 励磁机	G G G G G G G G G	 GD GA GS GA GM GH GT GE	2	电动机 直流电动机 交流电动机 同步电动机 异步电动机 笼型电动机	M M M M M M	 MD MA MS MA MC
3	绕组 电枢绕组 定子绕组 转子绕组 励磁绕组 控制绕组	W W W W W W	 WA WS WR WE WC	4	变压器 电力变压器 控制变压器 升压变压器 降压变压器 自耦变压器 整流变压器 电炉变压器 稳压器 互感器 电流互感器 电压互感器	T T T T T T T T T T T T	 TM T TU TD TA TR TF TS TA TV
5	整流器 变流器 逆变器 变频器	U U U U		6	断路器 隔离开关 自动开关 转换开关 刀开关	Q Q Q Q Q	QF QS QA QC QK

续表

序号	名称	单字母	双字母	序号	名称	单字母	双字母
7	控制开关 行程开关 限位开关 终点开关 微动开关 脚踏开关 按钮开关 接近开关	S S S S S S S S	SA ST SL SE SS SF SB SP	8	继电器 中间继电器 电压继电器 电流继电器 时间继电器 频率继电器 压力继电器 控制继电器 信号继电器 接地继电器 接触器	K K K K K K K K K K K	 KM KV KA KT KF KP KC KS KE KM
9	电磁铁 制动电磁铁 牵引电磁铁 起重电磁铁 电磁离合器	Y Y Y Y Y	YA YB YT YL YC	10	电阻器 变阻器 电位器 起动电阻器 制动电阻器 频敏电阻器 附加电阻器	R R R R R R R	 RP RS RB RF RA
11	电容器	C		12	电感器 电抗器 启起动电抗器 感应线圈	L L L L	 LS
13	电线 电缆 母线	W W W		14	避雷器 熔断器	F F	 FU
15	照明灯 指示灯	E H	EL HL	16	蓄电池 光电池	G B	 GB
17	晶体管 电子管	V V	 VE	18	调节器 放大器 晶体管 放大器 电子管 放大器 磁放大器	A A A A A A A	 AD AV AM

序号	名称	单字母	双字母	序号	名称	单字母	双字母
19	变换器	B		20	天线	W	
	压力变换器	B					
	位置变换器	B					
	温度变换器	B	BP				
	速度变换器	B	BQ				
	自整角机	B	BT				
	测速发电机	B	BV				
	送话器	B					
	受话器	B	BR				
	拾音器	B					
	扬声器	B					
	耳机	B					
21	接线性	X		22	测量仪表	P	
	连接片	X	XB				
	插头	X	XP				
	插座	X	XS				

注 双字母符号由单字母符号后面另加一个字母组成，可以更具体的表达电气设备、装置和元器件的名称。